高等院校艺术设计专业精品系列教材

Creative Design of Textile and Garment Fabrics

纺织服装面料创意设计

甘晓露　肖宇强　编著

中国轻工业出版社

图书在版编目（CIP）数据

纺织服装面料创意设计 / 甘晓露，肖宇强编著. —北京：中国轻工业出版社，2024.3

ISBN 978-7-5184-2003-2

Ⅰ. ①纺… Ⅱ. ①甘… ②肖… Ⅲ. ①服装面料—设计 Ⅳ. ①TS941.41

中国版本图书馆CIP数据核字（2018）第138203号

责任编辑：李　红　　责任终审：劳国强　　设计制作：锋尚设计
责任校对：吴大朋　　责任监印：张　可

出版发行：中国轻工业出版社（北京鲁谷东街5号，邮编：100040）
印　　刷：艺堂印刷（天津）有限公司
经　　销：各地新华书店
版　　次：2024年3月第1版第2次印刷
开　　本：889×1194　1/16　印张：7.25
字　　数：200千字
书　　号：ISBN 978-7-5184-2003-2　定价：49.80元
邮购电话：010-85119873
发行电话：010-85119832　010-85119912
网　　址：http://www.chlip.com.cn
Email：club@chlip.com.cn

240411J1C102ZBQ

党的二十大报告提出："教育、科技、人才是全面建设社会主义现代化国家的基础性、战略性支撑。必须坚持科技是第一生产力、人才是第一资源、创新是第一动力，深入实施科教兴国战略、人才强国战略、创新驱动发展战略，开辟发展新领域新赛道，不断塑造发展新动能新优势。"教育、科技、人才的协同作用发挥，"创新"至关重要。创新意味着发展理念之变、竞争逻辑之变、实力格局之变、突围策略之变、前进动力之变。当前应以党的二十大精神为指引，将"创新"作为推动高等教育发展的关键，指导高校专业教材的编撰工作。

伴随现代经济的飞速发展，大众对服装造型、风格、面料等提出更高要求，为适应市场的多元化需求，服装设计在各个环节都应紧跟时代潮流，其中作为服装设计载体的纺织面料的创新显得尤为重要。新材料的出现、新的织造技术、传统印染工艺的创新，让纺织面料呈现出焕然一新的面貌。面料的创意设计不仅能够激发设计师的创作灵感，传递新颖的设计理念，还能够带给消费者别具一格的消费体验，展现独一无二的民族文化。本书正是基于这样的社会需求应运而生。

全书从背景知识、基础理论、实践应用三个层面围绕纺织服装面料的创意设计进行了详细讲解。即通过介绍纺织服装面料创意设计的概念与意义，让读者了解当今纺织面料的发展趋势与服装面料创新的必要性。第一章介绍了纺织服装面料创意设计的灵感；第二章介绍了纺织服装面料创意设计的形式美法则；第三章介绍了纺织服装面料创意设计的流程；第四章介绍了纺织服装面料创意设计的工艺技法；第五章对多组面料创意设计的服装与产品进行了详细的灵感解读与方法分析，力求给读者以最清晰和直观的感受，起到抛砖引玉、举一反三的作用。

本书由湖南女子学院甘晓露、肖宇强老师编著，全书图文并茂，深入浅出，以理论结合实践的方式传授了现代最新纺织服装面料创意设计与再造的理念、技法、步骤，对于提升相关学习者的基础理论知识与实践动手能力具有积极的作用。

本书可作为高等院校纺织品艺术设计、服装与服饰设计、工艺美术设计、产品设计等专业师生的教材使用，亦能成为手工艺、面料设计爱好者及非专业人士的参考用书。

编者

2024.1

目录
CONTENTS

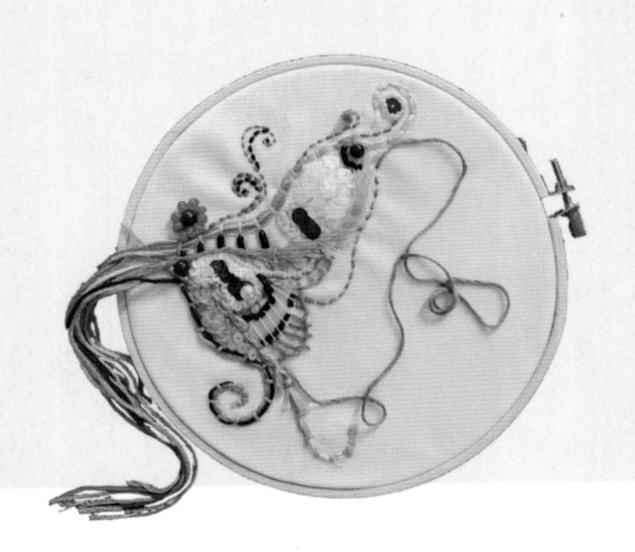

绪论

纺织服装面料创意设计的概念与意义

一、纺织服装面料创意的现状与发展趋势

纺织面料是服装设计的基础，是服装设计师设计的思想载体，在服装设计中起着极其重要的作用。随着时代发展，人类知识结构的不断更新，人们的审美观念也随之发生着改变，这必然增强了人们对服装的新需求和新欲望。要创造出符合时代脉搏的服装艺术作品，既符合大众化要求又具有个性化，是现代服装设计师追求的目标，为服装材料注入新的血液势在必行。现代服装设计趋势是以材质创新为创作源泉的，材料的创新程度，以及通过材料来展现设计作品是大势所趋。在这种形势下，从服装行业发展的角度来看，服饰艺术单纯地在造型结构上进行突破和创新已力不从心，单一的面料已不能满足设计师和消费者们的需求，面料的创意设计以独特的手法、新颖的外观、强烈的视觉冲击力引导了当前纺织品、服装的设计，成为体现服装艺术设计创新能力的一个重要方面。对纺织材料的创新设计无疑是实现服装独创性的最有效的方法之一。

二、纺织服装面料创意设计的概念

纺织服装面料创意设计也称为面料的二次设计或面料再造，它是指在原有面料的基础上，运用各种手段对面料进行的重塑和改造，使原有的面料在外观、形式或质感上产生较大的变化，从而使面料具有完全不同的风格。通过对创新设计的面料的多方面运用，能拓宽服装材料的使用范围与设计空间。

设计需求是进行纺织服装面料创意设计的前提条件，根据设计主题的需要，在现有的服装材料的基础上进行因材施艺。纺织服装面料创意设计的设计原理是以“三大构成”和“基础图案”为基础，准确地说是将立体构成的概念实施于材料的二度创造，是“三大构成”的学以致用，也是各种艺术门类知识的沉淀和发挥。面料创意设计在形式美法则和现代设计基础三大构成的导引下，能使设计师在创作中得心应手、游刃有余。

三、纺织服装面料创意设计的基本要素

1. 材料

材料是纺织服装面料创意设计的载体，没有材料的纺织服装面料创意设计是空中楼阁。不同的材料具有不同的性能和表现力，我们在对这些材料进行创意设计时需掌握其个性，真正地做到因材施艺，有的放矢。材料的设计方法不仅需与艺术风格、设计主题、工艺技术相联系，还需反映时尚流行趋势和社会时代感。要对面料进行合理的创新造型，关键是需要把握材料的肌理、结构、色彩等因素。

肌理效果千姿百态，不同的肌理效果区别于面料的纤维和织物织造方式。常采用突破局限的设计观念，改变面料的固有效果，例如腐蚀、做旧等。

材料结构由面料的织造方式决定，即使纤维相同，使用不同的织造方法也能使面料在性能和质感上产生较大的区别。在纺织服装面料创意设计中，破坏面料的原有的结构寻找新的形态是设计师常用的设计手法，以抽纱工艺最具代表性。

面料色彩包括材料的本色和纺织服装面料创意设计过程中所产生的色彩变化。后者包括因材料与材料组合而产生的色彩变化以及材料受环境影响而产生的色彩改变。叠加、拼接、剪切等工艺在纺织服装面料创意设计中都可能导致色彩发生微妙的变化，从而形成新的艺术效果。

2. 空间效果

任何一块面料都不是绝对二维的，其具有一定的厚度，但为了制造更为突出的视觉与触觉效果，有时候需要强化这一厚度，即将面料创意成立体感或一定的空间效果。将二维平面的材料转化为三维立体的形态就是纺织服装面料创意设计中较为常见的一种创作方式。在加工前，设计师需先了解材料结构的稳定性、张力、与其他材料的组合关系。采取恰当的设计手法，完成符合设计需求的空间造型效果。

3. 工艺技法

纺织服装面料创意设计的工艺技法丰富多变，传统的工艺技法包括：刺绣、毛毡、绗缝、染织、编织、抽褶、折叠、镂刻、切割、抽纱、拼接等。采用哪一种工艺技法来对面料进行创新造型，要根据面料的属性、设计主题以及服装制作的要求而定，设计师的主观意识也能对设计工艺产生较大影响。上述加工形式一般以手工制作或半机械化为主。

四、纺织服装面料创意设计的意义

纺织服装面料创意设计可以局部应用于服装设计中，起到画龙点睛的作用，也可以整体的运用到整个面料中，形成一种全新的服装视觉效果。纺织服装面料创意设计不仅能够使服装产品设计更为具体，能够更准确地表达设计的主题与风格，而且能使得服装纺织品在材质美感上更具有魅力，体现出更丰富的工艺效果。此外，它还能够满足设计师及消费者等个人定制的心理需求，拓宽设计者的设计思路，对提高产品的附加值也具有重要意义。

1. 有助于服装款式造型上的创新实现

在现代，简单的结构款型变化已经不能满足人们的需求，个性化的服装是大众追求的趋势和方向，而款式的变化又会受到服装功能的限制。因此，服装面料的创新设计以及外观式样的更新开始成为服装设计创新的思路和方向。纺织服装面料创意设计是为服装设计创造更多的材料素材，为服装设计的审美与实用创新探索更多的可能性。纺织服装面料创意设计可与立体构成、立体裁剪技法相衔接，用艺术构成形式的美学法则把构成理论运用于整体的服装设计中，运用现代构成设计理念去培养服装设计师的创造力，以传达服装的个性美、创意美、时尚美。

2. 有助于强化主题风格的表达

相同的服装款式采用不同的面料进行塑造，所展现的视觉效果和设计风格是截然不同的。独特的面料是塑造服装个性化的重要要素之一。在现代的服装设计中，服装面料的创新是设计师塑造作品风格化的一种重要手段，尤其是对面料的二次雕琢，根据面料的个性、主题风格的需求对面料、材料进行艺术处理。用这种方式拓展服装材料的表现空间，例如：用折叠、堆积法增加服装造型的空间立体感；用抽纱、腐蚀、镂刻等破坏法改变面料肌理表达设计主题；用刺绣、剪纸、折纸等技法赋予服装新的内涵和寓意。如中国独立设计师马可用她的“无用”系列，将我们带到中国南方，那些只有用步行才可到达的偏远乡村，将人们召唤到远古的时间深处。她用自己独特的设计视角，探索着农民与土地之间深深的依恋与和谐，她的作品向人们诠释生活是如此地简单朴实。在整个系列中，那些传统手工刺绣在阳光暴晒下赋予了它新的生命，在沸腾的水中洗煮过的裙装有了生活的烙印，被埋藏于土壤中的服装有了时间的印证。（图1、图2）马可用不常规的面料创意设计技法向全世界宣言，服装不仅仅承载着瞬息万变的时尚脉搏，服装是历史的见证，是生活的写照，不要忘却服装真正的功用。马可用自己独特的面料创意设计进行了一次深刻的人与自然的对话。

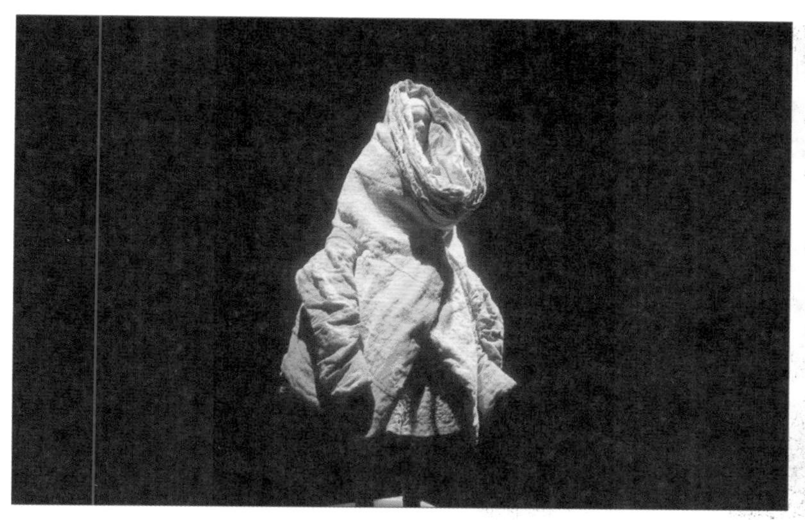

图1 “无用之土地”系列巴黎时装周静态展

图2 被埋藏于土壤中的“无用之土地”系列

3. 有助于服装装饰效果多样性的实现

随着高科技的发展，设计师可选择的服装材料种类越来越多。不同的材料具有不同的风格，而对其进行创新设计能够使得材料产生不同的质感、肌理，使服装面料的装饰效果更具感染力。在进行面料创意设计时可以采用一种单一的技法，也可根据主题和需求同时选用几种技法进行组合。越来越多的设计师使用多种材料与手法进行服装个性化的拓展，其独特的审美与各种装饰手法的并用使得服装的创意层出不穷。如“兄弟杯”金奖设计师凌雅丽是一个把服装与艺术结合得淋漓尽致的设计师，她设计的“紫原戊彩”系列充满着雕塑的结构质感和神话般的梦幻气质，演绎着对“龙”图腾的极致刻画，注重对色彩的把握和微妙的处理，在整个设计中，多种面料肌理恰到好处的结合，珠绣等传统工艺的点缀，精致典雅。（图3）凌雅丽还根据对“龙鳞”主题的研究，创造了三四十种面料肌理小样（图4），在特征上可分为鱼鳞形、脊梁形、麦穗形、圆鳞正反排列形、尖鳞正反排列形、水纹形、流线形、发射形等。其中有一种立体鱼鳞片，利用真丝绡、鸡绡与鸡皮绒结合，通过十一种工序来完成。这一创新设计与独到的工艺并用使得整个系列的层次丰富、节奏和谐，极具艺术与审美的价值。

图3 “紫原戊彩”系列作品

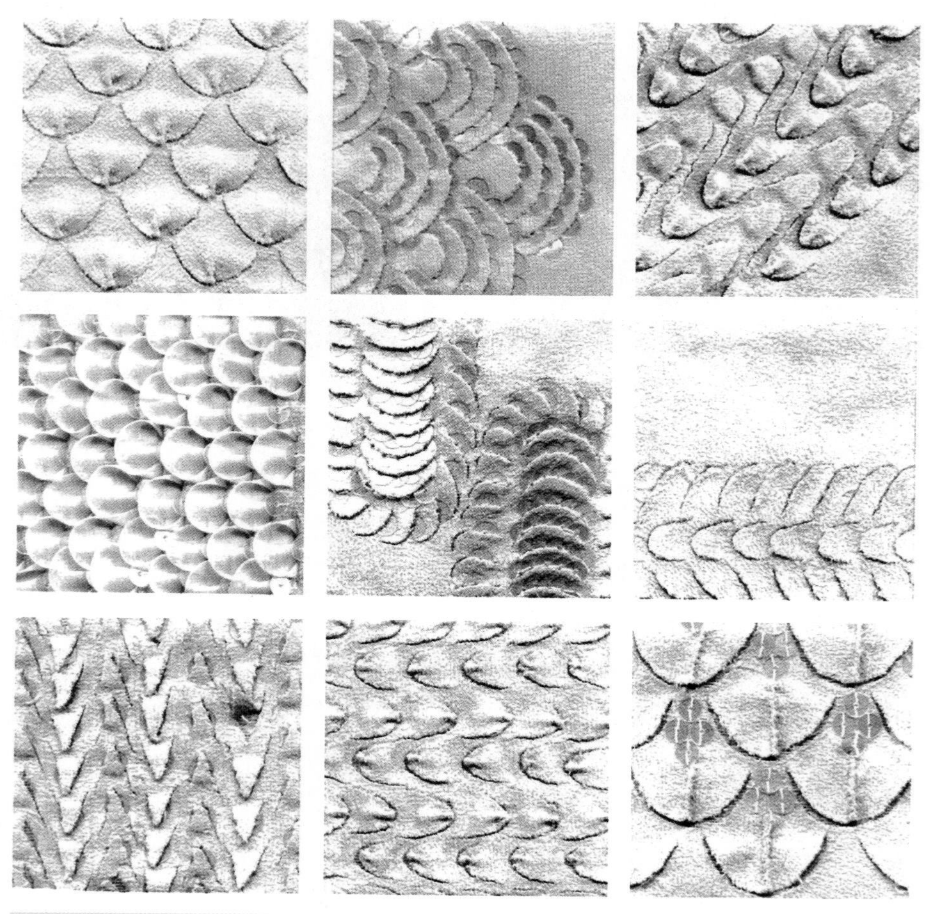

图4 “紫原戊彩”系列肌理小样

第一章
纺织服装面料创意设计的灵感

生活中不缺美的事物，而缺乏发现美的眼睛。这种审美的能力对于服装设计师而言极为重要，这种能力即是对于灵感的攫取。灵感是保证纺织服装面料创意设计具有持续性创新力和生命力的关键。灵感并不是凭空产生的，需要设计师长时间关注某样事物，分析其本质并对其进行不断地思考而产生构思，是集逻辑思维、感性思维、抽象思维为一体的艺术创作过程。灵感也是最直接、最能展示设计师天赋和专业素养的重要因素，但是灵感产生、悟性的采集和实际应用仅仅依靠这种天赋还是不行的，设计师还应具备深厚的生活经历和较高的艺术修养以及特定的社会生活环境体验和社会实践。由此看来，艺术来源于生活和社会活动，设计师应从生活中积累灵感来源。例如自然景物、日常生活以及传统民族文化都是我们取之不尽、用之不竭的灵感来源。设计师应善于发现事物最有情趣、最有特色的方面，敢于发挥想象力，将其解构、重组、提炼、再造，以达到为我所用的创新目的。

第一节　源于自然界的灵感

大自然本身就是一件完美的艺术品，它应用阳光、流水、春风、冰川等方式为人们塑造壮美河山，它的壮丽和秀美是纺织服装面料创意设计最广博的灵感源泉，能够充分激发服装设计师们的创作激情。设计师通过观察认识到生活和自然中绚烂多彩的颜色，变幻万千的形态和丰富多变的图案肌理产生回归自然的憧憬。比如，自然界中山川岩壁层峦叠嶂的层次美、鸟兽鱼虫骨骼羽毛的秩序美，冰川岩石细腻丰富的纹理美，这些事物都在孕育着服装设计师们无穷无尽的灵感源泉。2015年意大利世博会中国展馆的“敬自然”静态时装发布会（图1-1）是一场以自然为灵感的华服饕餮盛宴，将“天、地、水”作为灵感元素诠释了中华民族敬爱自然，以仁爱之心对待自然的传统精神。设计师抓住了天、地、水的自然形态与材质特征结合现代与传统的艺术手法，创造了许多充满视觉冲击力的艺术臻品。以下对此创作进行简要的介绍。

图1-1 2015年 意大利世博会中国展馆“敬自然”静态时装发布会

一、“天”系列秀服设计

在诠释“天”的系列作品中，天云飘渺，彩蝶翩跹。天空的色彩变幻，云卷云舒的形态激发了设计师的灵感。（图1-2）设计师抓住了云朵的色彩以及形态特征，运用古老的手工针刺拉毛和印染工艺，结合现代立体剪裁营造出丰富的色彩和肌理效果。森林中晨曦光影摇曳，朦胧的光束如丝如绸（图1-3），设计师突出了光束的线性特征，运用新型发光线性材质结合柔美的曲线造型来展示晨曦的浪漫与柔美。

二、“水”系列秀服设计

“水”系列主题秀服通过对水的不同形态进行诠释，小如水滴，大如江河。蓝色的水滴仿佛雨点散落，象征来自天空的恩泽，赋予了机杼编织的美好力量。（图1-4）设计师运用编织的艺术手法把不规则造型的澳宝原石串联

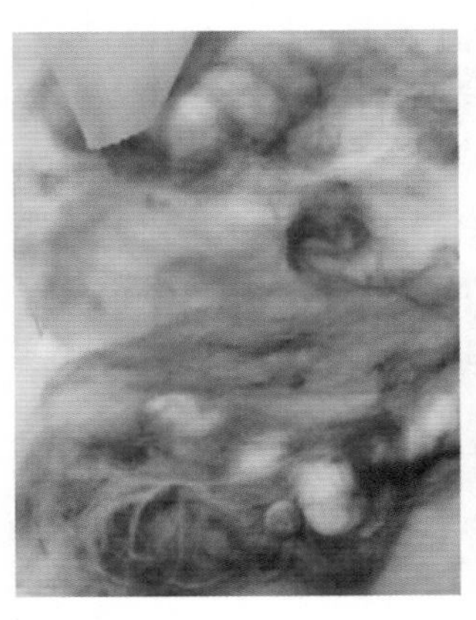

图1-2 “云霓”主题秀服

图1-3 “晨曦”主题秀服

图1-4 “水滴”主题秀服

起来，织成一件似雨帘一般晶莹剔透的斗篷饰品。“水”系列（图1-5）选用的3D提花面料，5种色纱就能织就万千色彩，通过采用墨流拓印这一古老技法，营造出层次丰富的色彩效果。现代科技手法的配合演绎，最终在织机协奏间完成三级转化，3D面料成形与礼服婀娜的廓形结合，如同彩韵流转，绚烂至极。

三、“地”系列秀服设计

设计师从云贵地区崎岖山地造就的梯田奇境中汲取到了“地”的主题精神与展现形式。地广天高，田埂肥沃，运用取自天然的藤竹纤维与原麻制衣材料，以褶皱形式打造梯田意象，呈现出灵动的自然效果。（图1-6、图1-7）

大自然除了馈赠我们天、地、水等取之不尽的资源，用之不竭的能量外，还造就了人类。作为跻身巴黎高级定制的唯一华人设计师殷亦晴抓住“人体”这个灵感来源，以人体骨骼与血管脉络为设计元素展开了她的设计。设计师模仿骨骼的肌理和结构使用激光

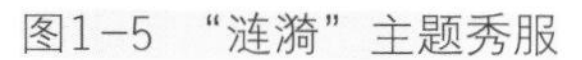

图1-5 “涟漪”主题秀服

切割技术对裘皮进行了切割再造，使得光滑厚重的裘皮面料表面产生雕塑般骨骼的肌理（图1-8）；而一条血红色以绳结编织而成的长裙把人体的血管脉络演绎的丝丝入扣。（图1-9）殷亦晴通过高超的面料创意设计，颠覆了高级服装定制的固有相貌，开辟了一条属于自己的时尚之路。

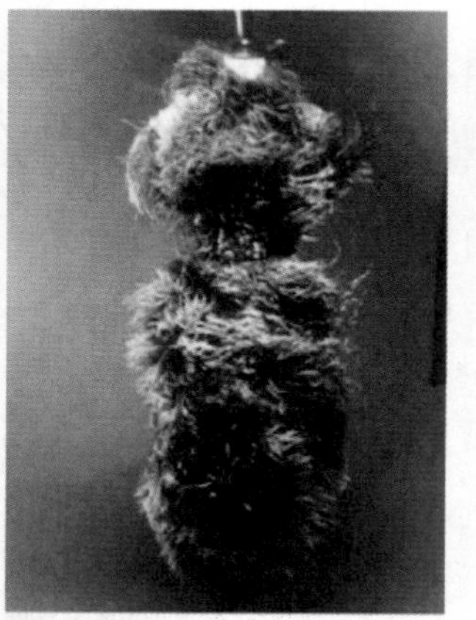

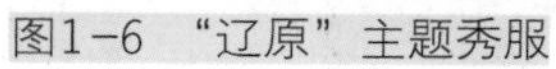

图1-6 “辽原”主题秀服

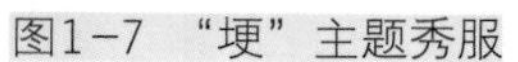

图1-7 “埂”主题秀服

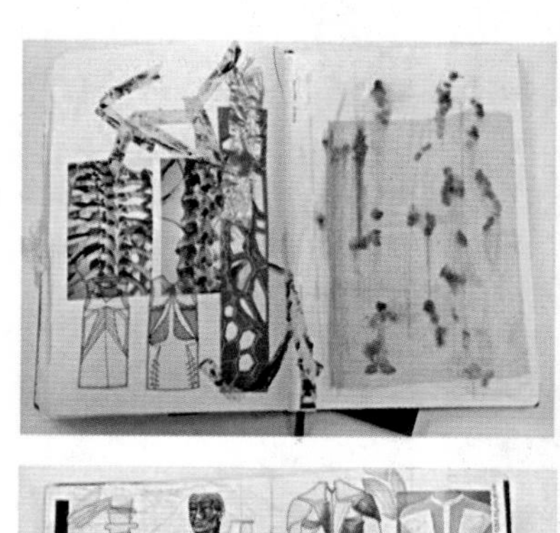
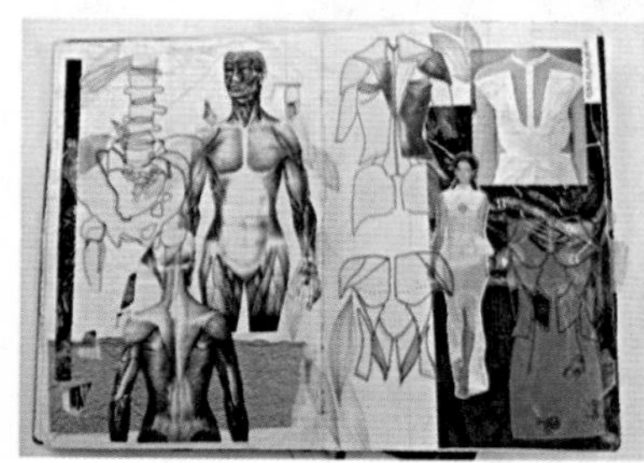
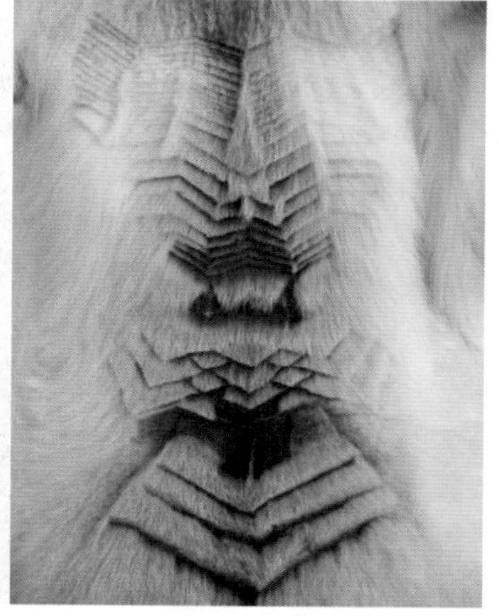
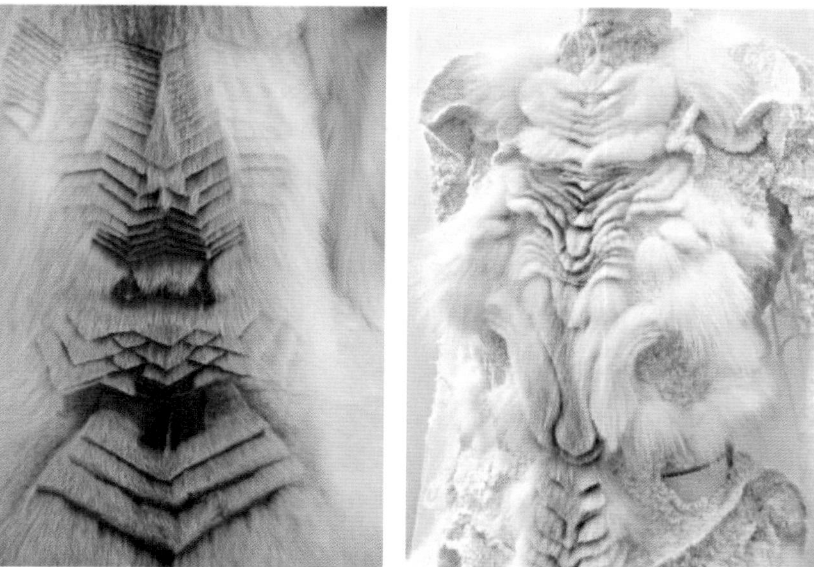

图1-8 Yiqing Yin Couture（殷亦晴高级定制）源于骨骼肌理的灵感

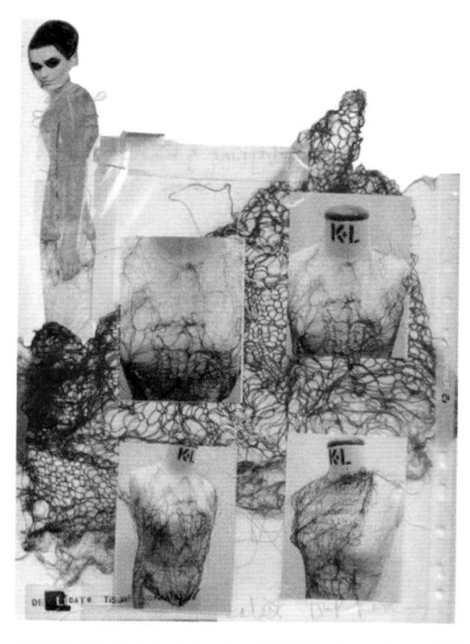

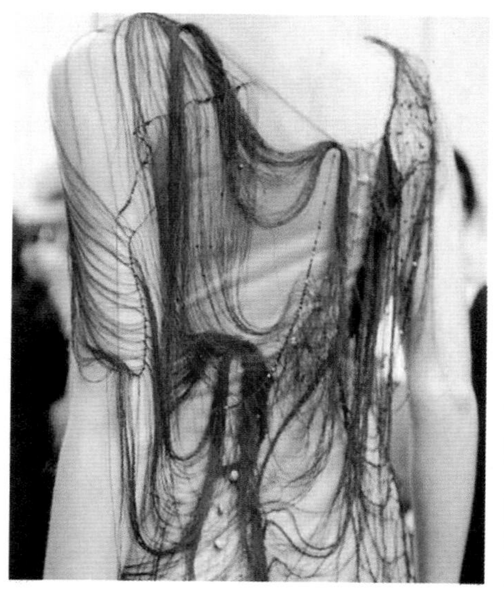

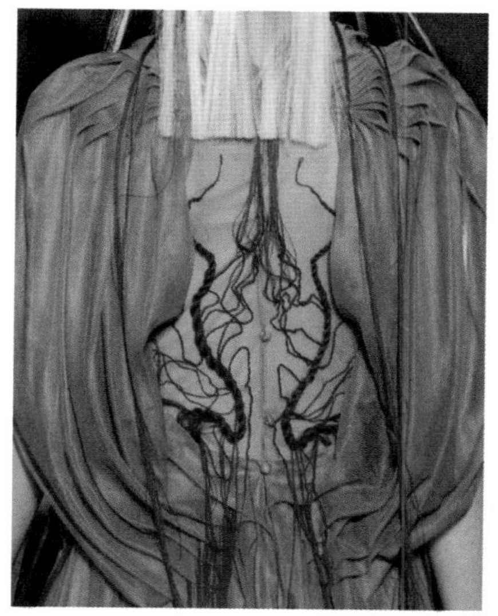

图1-9 Yiqing Yin Couture（殷亦晴高级定制）源于血管脉络的灵感

第二节 源于姐妹艺术的灵感

服装设计不是独立的存在，而是与其他艺术门类有着广泛的联系，并深受其影响。如：绘画、建筑、雕塑、电影、音乐、舞蹈等，各类艺术在其自身发展过程中都积累了大量的经验，塑造了许多使人赏心悦目的艺术形式并且在交叉领域相互影响与渗透。纺织服装面料创意设计强调的灵感和构思，就是设计师同周围千变万化、千姿百态的艺术形式精神碰撞的产物，并借助灵感的迸发设计出无数新颖和丰富的艺术作品。

意大利著名服装设计师皮尔・卡丹（Pierre Cardin）先生说："作为设计师，你可以从不同领域中去汲取创作的灵感和源泉，如艺术、电影、戏剧……都可以作为创作灵感的基点。如果是个好的设计师，不需要去模仿别人，可以在学习别人优秀的作品同时，去创造属于自己的风格"。因此，各门类艺术在可能和必要的情况下，都应该注意从其他艺术门类中汲取养分。

一、借鉴绘画艺术灵感的面料创意设计

服装是外在的时尚与内在的艺术，在生活中体现出设计和穿着者的内心本质。设计师们在纺织服装面料创意设计中有很多创作灵感取材于绘画艺术。在20世纪之前绘画艺术在艺术界占据着绝对的领导地位，而进入现代后，设计领域和绘画逐渐分离，但其二者之间的界限并不明显，设计师被艺术家们的绘画作品打动，用手中的面料向自己喜爱的艺术家致敬，向总是让灵感迸发的艺术致敬。例如：蒙德里安（Mondrian）用他的三原色构成打动了伊夫・圣罗兰（Yves Saint Laurent），蒙德里安裙成为其代表作之一，进入时装史的殿堂；毕加索（Picasso）抽象的人物肖像和安特卫普鬼才设计师沃尔特范・贝・兰多克（Walter Van Beirendonck）在怪诞美学上有了新的共鸣；美国当代艺术家斯特林・鲁比（Sterling Ruby）的绘画作品总能给予安特卫普设计师拉夫・西蒙（Raf Simons）源源不断的灵感源泉，2012年拉夫・西蒙（Raf simons）成为迪奥（Dior）的创意总监，在首秀上他将传统礼服与当代绘画艺术结合起来，通过迪奥濒临失传的印染织布技术将斯特林・鲁比的作品融入礼服中，别具一格。（图1-10、图

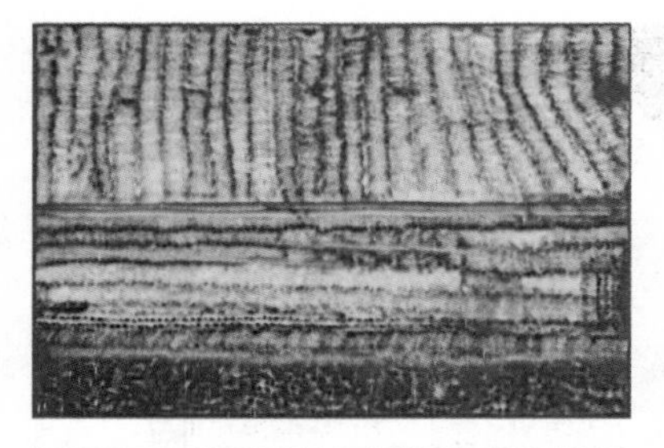

图1-10　斯特林·鲁比的喷绘作品

1-11）

经过长达九年的合作，两位艺术家推出联名系列作品。斯特林·鲁比是一位擅于运用不同材料进行创作的艺术家，利用循环性和可延伸性材质进行创作也是斯特林·鲁比作品的主轴之一，在拉夫·西蒙时装设计中除了斯特林标志性的喷绘泼墨肌理之外，还融入了名为*BC*的拼贴画以及立体雕塑系列*SCALE*的灵感（图1-12），在二人的合作系列中拉夫·西蒙大量运用不同材质的面料进行拼贴碰撞，产生丰富的视觉效果和肌理层次感。（图1-13）艺术家与设计师的创意碰撞往往能起到双赢的效果，这一点在拉夫·西蒙和斯特林·鲁比身上体现得淋漓尽致，如果说拉夫·西蒙能让更多时装界的人士了解斯特林·鲁比的艺术精神，那么斯特林·鲁比则让更多人看到了艺术作用于时装上的纵横捭阖，且毫无违和地融入进了我们的生活。（图1-14）

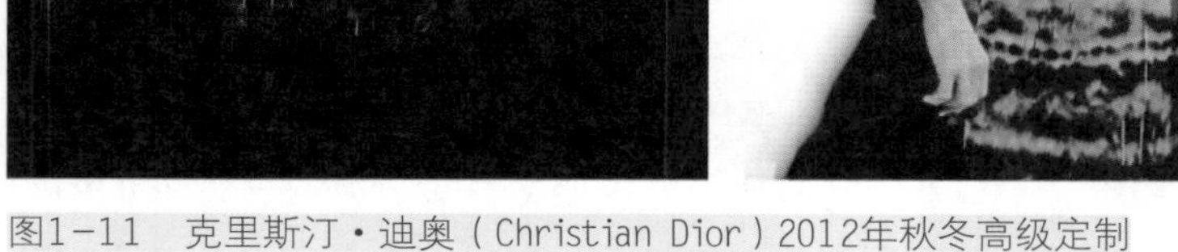

图1-11　克里斯汀·迪奥（Christian Dior）2012年秋冬高级定制

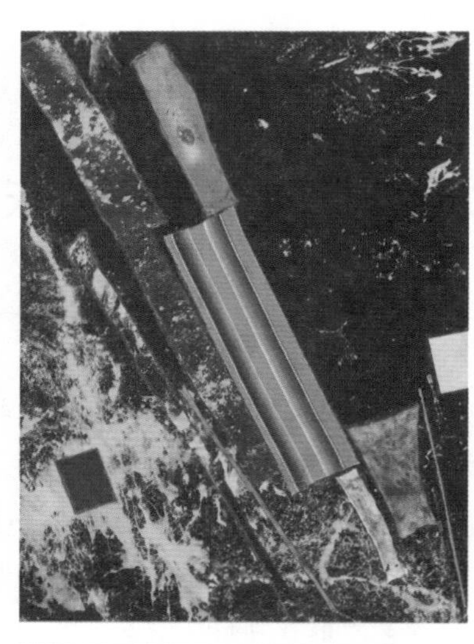

图1-12　斯特林·鲁比作品

图1-13　拉夫·西蒙和斯特林·鲁比

图1-14　拉夫·西蒙和斯特林·鲁比合作的拼贴服装设计

图1-15　建筑肌理与服装面料创意设计

二、借鉴建筑艺术灵感的面料创意设计

建筑与服装有着密切的关联性，两者之间的渊源由来已久。中世纪时黑格尔（G. W. F. Hegel）曾把服装称为“流动的建筑”，抑或称为“贴身的建筑”，这可谓一语道出了建筑与服装之间的微妙关系。建筑与服装各有各的使用功能，但是在审美功能上却是一致的。都是通过各种线条组合、形式节奏、色彩变化、空间搭配等方式来满足人们的生活需求和审美感受。

建筑与服装之所以如此具有联系，其实是源于其相似点。虽然在材质的选择和运用上有很大区别，但其二者理论上都属于造型艺术。所以历史上同一时期两者设计风格也具有同一性，服装面料创意设计手法也曾受到建筑美学的影响与启发。在哥特式服装中我们看到各种锐角三角形造型和图案，好似哥特建筑伸向高空的塔尖；巴洛克服装和建筑都在追求一种夸张堆砌和富丽堂皇；虚幻奢华的洛可可建筑居住的贵族无一例外的穿着精巧繁琐的服装。不管是教堂、宫廷、剧院、贵族府邸等历史建筑还是一般的建筑，甚至是自己的家，只要你仔细观察素材，都会有所灵感。因为启发服装设计师进行面料材质的选择和再创造可以是方方面面的。如有的设计师热衷于各种新型涂层材料的织物开发，类似于摩天楼的反光玻璃、混凝土钢铁材质、大理石等建筑材料的质感；而海滩旧木屋上剥落的油漆可能使你想到斑驳的褶皱；或者使比萨斜塔增色不少的拱廊圆柱可借用在复杂精细的袖子部分和胸衣的花边上。（图1-15、图1-16）由此可见，设计师在纺织服装面料创意设计中可根据试图表现的风格在不同时期的建筑结构和肌理中寻找到可为己用的素材，无论是色彩、形态、材质、肌理都具有宝贵的借鉴和参考价值。

图1-16　建筑材料与服装面料创意设计

来自克罗地亚设计师马蒂亚·焦普（Matija cop）受凿石和哥特建筑的启发，通过研发不同的特殊材质并用激光将其切割成小块，在没有运用任何胶水和针线等连接性材料的情况下，用“插羽”技术把面料组装在一起。在哥特式建筑中我们常看到各种锐角三角形的造型和图案，设计师抓住哥特建筑的尖锥造型特征对面料进行反复的重构和堆叠正如建筑师将建筑的基石进行有序的堆砌和排列，马蒂亚·焦普用渐变的形式节奏创造了如建筑般恢弘的服装系列《目标》（Object）。（图1-17、图1-18）

图1-17　哥特式教堂内部细节

（a）

（b）

（c）

图1-18　马蒂亚·焦普服装设计《目标》

三、借鉴其他艺术灵感的面料创意设计

1950年意大利的传奇服装设计师夏帕瑞丽（Schiaparelli）与超现实主义运动的结盟迸发了绚烂的灵感火花，达利（Salvador Dali）用他独特前卫的装置艺术给夏帕瑞丽的服饰作品注入了新的生命。他们之间的亲密合作，诞生了许多后来被誉为经典之作的标志性作品。

最具代表性的是龙虾礼服（图1–19），这条礼服裙的龙虾印花图案正是在向达利著名的装置艺术《龙虾电话》（图1–20）致敬。名为泪滴的晚礼服裙（图1–21）则利用超现实主义“Trompe l’oeil”（欺骗眼睛的）视错艺术的手法来营造别样的风格，体现出三维立体印花的效果。除了与超现实主义的结盟，夏帕瑞丽与法国诗人尚·高克多（Jean Cocteau）也有灵感的碰撞，他为夏帕瑞丽的作品设计了许多图案与诗歌相结合的面料刺绣，在亚麻制作而成的外套上由尚·高克多设计刺绣图案（图1–22），使用金属叶片以及金银线进行缝制，用钉珠进行手工刺绣，精致而唯美。

图1–19　夏帕瑞丽龙虾礼服

图1–20　达利装置艺术作品《龙虾电话》

图1–21　夏帕瑞丽泪滴礼服裙

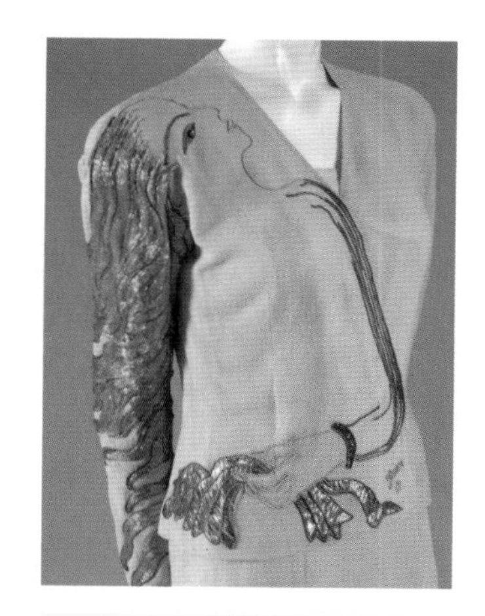

图1–22　夏帕瑞丽与尚·高克多合作的夹克

第三节　源于民族和传统文化的灵感

从民族和传统文化中寻找灵感也是我们进行面料创意设计的重要途径。世界各国的历史文化和各民族的传统工艺是人们智慧的结晶，凝结了人类的丰富经验和审美情趣，也成为后人进行服装面料创意设计的艺术依据之一。如今像中国书画、京剧、脸谱等传统文化以及剪纸、藤

编、扎染、刺绣等传统工艺已经被广泛地运用于面料创新设计技法中。

皮影戏作为中国文化的瑰宝，是一种源于民间的大众艺术，在中国乃至世界文化艺术史上都享有很高的声誉。随着皮影艺术被列入世界非物质文化遗产，越来越多的人对其进行关注。这种富有立体感的平面化造型、独特的雕镂手法以及鲜明的色彩美感，使皮影戏成为光影间跳动的精灵。设计师抓住皮影艺术的美学特点，充分利用皮影艺术丰富的图案造型，精美灵巧的雕刻技法以及多变的色彩搭配，从而实现了传统艺术元素在现代纺织面料创意设计中的应用与创新。（图1-23）

（a）

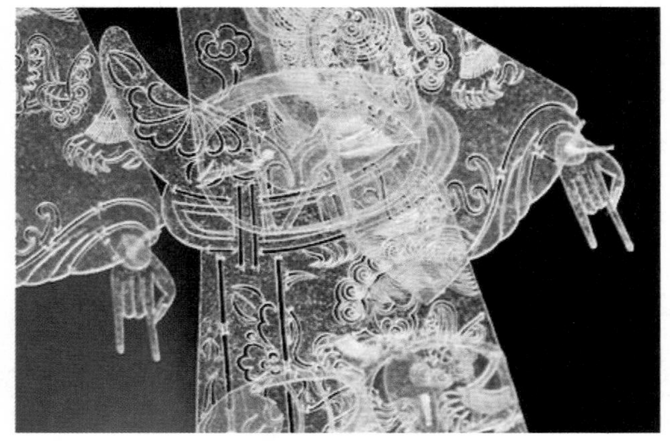

（b）

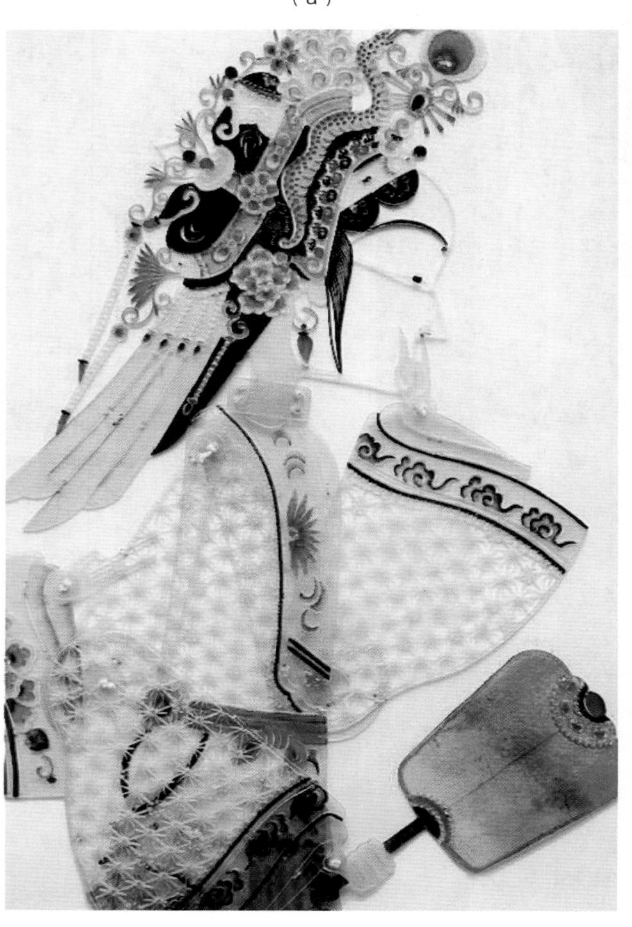

（c）

（d）

图1-23　中国传统皮影艺术

在设计师李米莎（Misha Lee）的《剪影》（*SILHOUETTES*）系列中（图1-24），设计师对皮影艺术中生动、丰富的图案进行提取，使得皮影图案成为纺织服饰品设计中的新型元素。设计师将处理好的薄而透明的牛皮分解成块，并在牛皮上绘制好设计的纹样，利用皮影艺术传统的镂刻工艺把纹样雕刻出来。随后局部进行敷彩上色，再加上点染的浓淡变化，色彩效果异常绚烂。设计师在借用皮影艺术的创作时还融入了传统刺绣工艺，使整个系列的层次感以及肌理效果更为丰富。

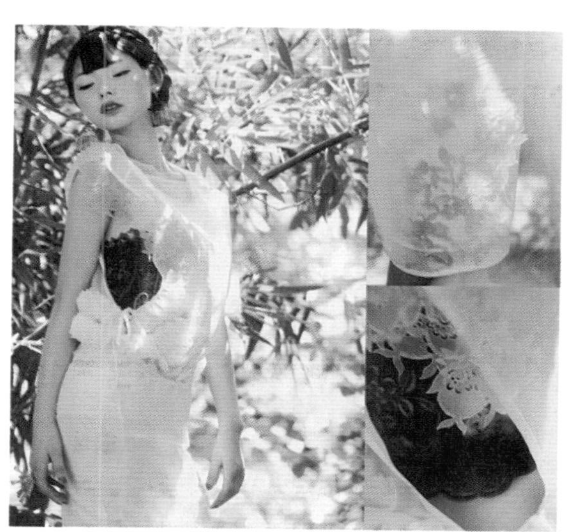

图1-24 “剪影”系列作品

第四节　源于新材料、新技术的灵感

随着高科技时代的到来，高新技术纺织品已成为国际纺织品市场的一个竞争热点，同时也是纺织行业新的经济增长点。一些发达国家纷纷投入巨资和人力，开发新的科技纤维和制品。当下的纺织材料已经突破了传统织造物的束缚，具有创新的非织造物逐渐登上历史的舞台。高科技、计算机、数字化技术作为现代面料的开发手段已得到广泛的应用。相比过去时代用单纯的布料和剪裁达到设计的要求而言，现代面料的科学性、时代性、可穿性跃居纺织服装设计选材的首要位置。

当提到针织品时，人们的第一感觉是来源于视觉上丰盈温暖感，挺括光滑的质感很难与之联系起来，而来自香港的针织品设计师曼迪蓝（MandiLam）所推出的作品《曝光》*Expose*系列彻底改变了人们对针织材料的认知。（图1–25）设计师从围绕世界不断变化的概念中提取灵感，通过针织面料工艺再设计来

图1–25　曼迪蓝*Expose*羊毛涂层系列作品

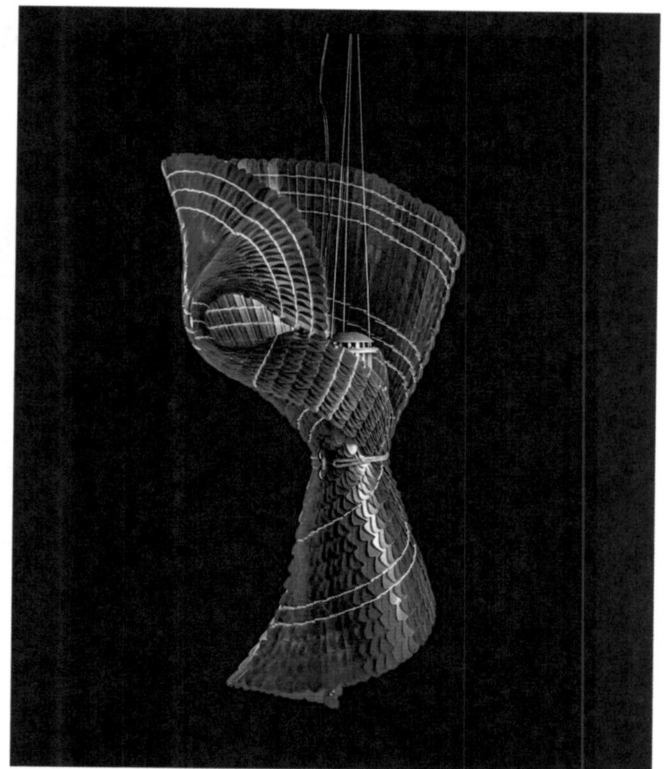

图1-26 Laokoon Textile（拉奥孔纺织面料）

进一步研发创意廓形与织物的肌理表现形式。她对针织面料进行涂层处理，并增强了对纱线肌理的表现力，虽然这种面料创新外在的质感让人想起皮革表面，但其实质上却拥有针织面料柔软舒适的特性。即*Expose*系列不仅拥有别具一格的创意、审美的价值、还兼具舒适的可穿性。

拉奥孔纺织面料（Laokoon Textile）是由匈牙利制造商手工制作、屡获殊荣的新型面料，其专门生产由纬纱制成的编制材料，可以相互滑动和变形。（图1-26）这种创意面料设计灵感来自于建筑工地和施工过程，由弹性荧光材质编织而成。此系列是依靠塑料绳索的传统缝纫和编织技巧完成的。Laokoon Textile制造商这样描述："传统不仅仅是过去的智慧结晶，传统也具有活跃性并且随着时代不断进步。Laokoon的结构技术均起源于初期的研究，但同时也涉及21世纪的产品和设计工艺。"

当今世界的生活方式趋向于极简原则，在极简原则的设计中，每个元素都似乎被简化并净化了，Laokoon Textile则完全翻转了这一过程，使用魔咒般的表达方式向我们说明，生命和自然充满了不同的形状、不同颜色以及不同的情感。每个设计都受到了特定瞬间的影响，例如清晨窗外的第一缕阳光，抑或是新芽转变成含苞待放的蓓蕾、抑或是色彩变幻的北极光，设计的纺织品及主体便是从这些美好瞬间中吸取了激情和能量。

纺织服装面料创意设计的灵感是服装设计师对事物观察、思考的产物，它不是凭空出现的，而是基于收集事实素材、大量知识沉淀、获取感性经验等途径获得的。只有通过这种努力才能抓住面料创意设计的规律和本质，才能激发设计的灵感，拓展设计思路并应用于服装设计中，创作出理想的作品。所以说，灵感的搜集与获取是进行纺织服装面料创意设计创作思维活动的桥梁，亦是一次心灵审美的旅程。对于每一位勤于思考、乐于探索、对新事物保持孜孜不倦的学习动力的设计师，灵感将成为他们永远的朋友。

第五节　源于时尚流行趋势的灵感

在纺织服装面料创意设计的灵感来源中，时尚流行资讯是最直观、最快捷、最显而易见的，也是最容易被运用于面料及服装设计中信息参照点。它包括网络、杂志、报纸、书籍、幻灯片、录影带、光盘、展览会等流行资讯，比如著名的时尚杂志VOGUE（《时尚》），HARPER' S BAZAAR（《时尚芭莎》），ELLE（《世界时装之苑》），L'OFFICIEL（《巴黎时装公报》）、《装苑》等都会定期传达世界时尚和流行动向。国际流行色协会和各国的流行色机构也会定期发布流行色图集和色谱。（图1–27）随着信息科技的发展，网络能以最快速度进行流行趋势的传播，如创立于2001年的www.style–vision.com网站，每两个月就会提供一份趋势报告，为我们提供了高效、迅速的流行资讯。如还有一些影视节目，如法国Fashion TV全天24小时播报与服装发布、色彩趋势相关的节目。同时，世界著名的时装设计师和各服装品牌公司每年或每季所举办的服装发布会以及每年国际纱线展（图1–28）、国际纤维协会、国际羊毛局发布的信息等，都可以成为设计师们的灵感源泉。所以，要紧随时代的步伐，创造富有新意的时尚潮流作品就需在平时要养成收集和整理多元信息资料的习惯，以便拓宽自己的设计思路。（图1–29至图1–31）

图1–27　流行色发布提案

图1-28　国际流行纱线展

图1-29　基于流行色创作的面料小样

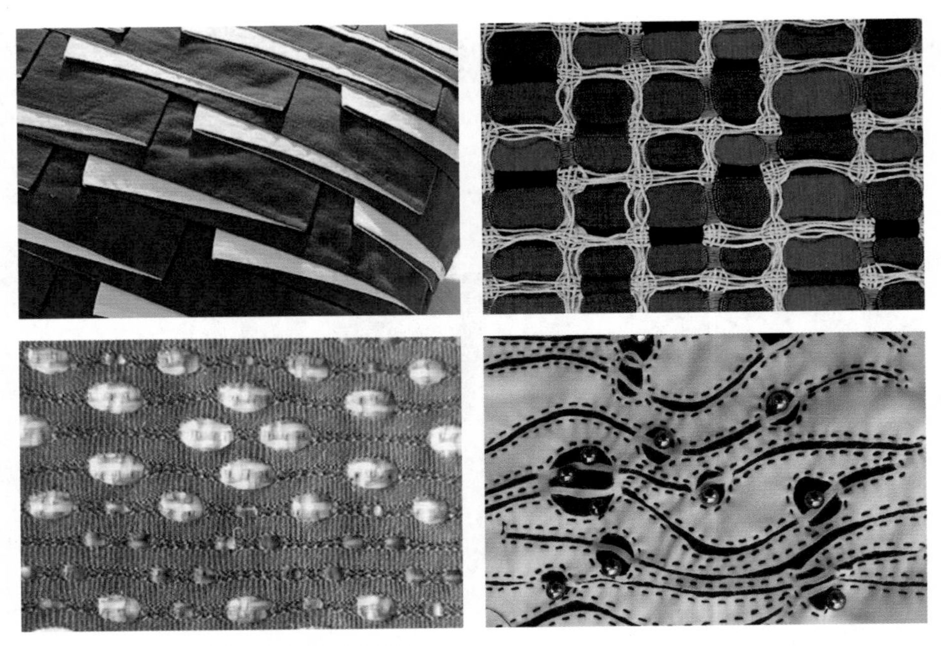

图1-30　基于纱线展创作的面料小样

图1-31　基于流行资讯灵感创作的面料和服装设计

第二章
纺织服装面料创意设计的形式美法则

纺织服装面料创意设计是对服装材料的探索与创新，具有多样性、易变性、丰富性的特征。因此无论是对服装面料艺术效果本身创作的研究，还是强调它在服装设计上的运用，都要遵循一般的美学法则与规律。形式美法则是艺术家、设计师们在艺术设计的创作中不断积累下来的合乎自然审美规律的设计准则。通过形式美法则在纺织服装面料创意中的运用，能完善服装设计创作的艺术境界。

第一节　统一与变化

统一与变化是构成形式美最基本的美学规律，它涉及事物的差异与统一。“统一”体现了各事物的共性或整体联系。在纺织服装面料创意设计中“统一”所指的是面料形状、肌理材质、色彩元素上相同或相似的各种要素汇集而成一个整体，它在形式上具有同一性和秩序感。统一分为绝对统一和相对统一两种形式，绝对统一是指其构成的要素完全相同一致，在视觉上具有强烈的秩序感和稳定感（图2-1）；而相对统一指的是元素既存在相似性又有一定的差异，从整体效果上仍可感受到秩序与稳定但同时具有变化和差异。（图2-2）

图2-1　绝对统一（学生作品）

变化则是统一的对立面。“变化”是指性质相异的形态要素并置在一起所形成的对比，变化具有多样性和运动感的特征。这种变化是以一定规律为基础的，无规律的变化则会导致混乱和无序，变化即一种对比关系。变化亦分为两类：从属变化和对比变化。从属变化是指以一定前提或一定范围的变化，这种形式可取得活泼、醒目之感。如图2-3中面料创意设计作品以魔方为灵感，把画面分割成多个立方体，在图案的形状上形成了统一，而在面料的肌理以及色彩的光泽上都存在强烈的对比

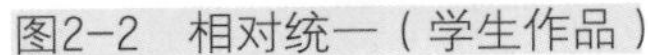
图2-2　相对统一（学生作品）

图2-3　从属变化（学生作品）

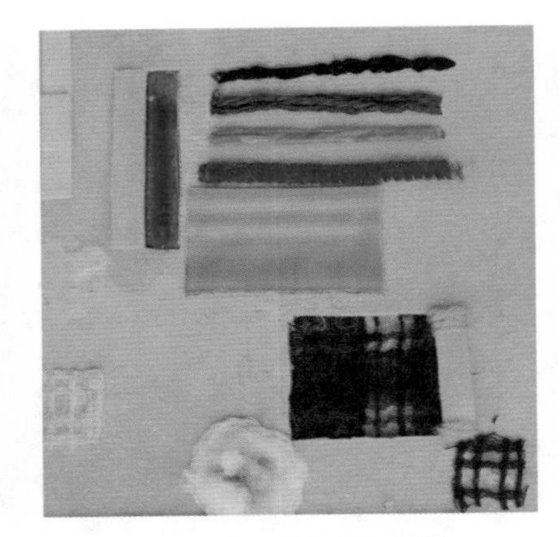
图2-4　对比变化（学生作品）

与变化关系。对比变化是指各种对比元素并置在一起，造成强烈的冲突感，具有不稳定的效果。图2-4作品中不论是色彩、肌理以及形状都存在强烈的对比关系，给人不协调感，跳跃感。

在统一与变化关系中，单有变化容易造成杂乱无章、溃散无序之感，而仅仅是统一又会带来单调、贫乏、呆板的局面。在纺织服装面料创意设计中，应以统一为前提，在统一中找变化；或以变化为主体，在变化中求统一，即面料的色彩、形状、材质三大要素需准确把控其统一与变化的关系，三者需以统一为前提，以变化为韵律才能使作品在秩序上产生最佳的视觉美感。

第二节　对比与调和

在量与质方面，两个或两个以上的要素之间形成对比，并实现要素个性与共性的融合，可称为对比与调和。在设计中只要有两个以上的设计元素就会产生对比或调和的关系，因此这种关系在设计中具有重要地位。

对比是把异形、异色、异质、异量的设计元素并置在一起，形成相互对照，以突出或增强各自特性的形式，它能使主题更鲜明，视觉效果更活跃。对面料进行创意设计可充分利用对比法则，通过面料的裁剪与组合，形成软或硬、凹与凸、厚或薄、抽象或具体等元素的组合对比，从而产生强烈的视觉冲击力。如图2-5、图2-6中，设计师利用抽纱、镂空等破坏性手法，形成残缺与完整、虚与实的对比处理。但如果面料对比过于强烈，则易产生不协调、刺目感；而面料过分调和也易产生乏味、单调感。在面料创意设计中，要善于衡量两者关系，根据要求灵活处理。

调和可理解为协调各种不同的元素，在变化的元素中寻求过渡，使画面

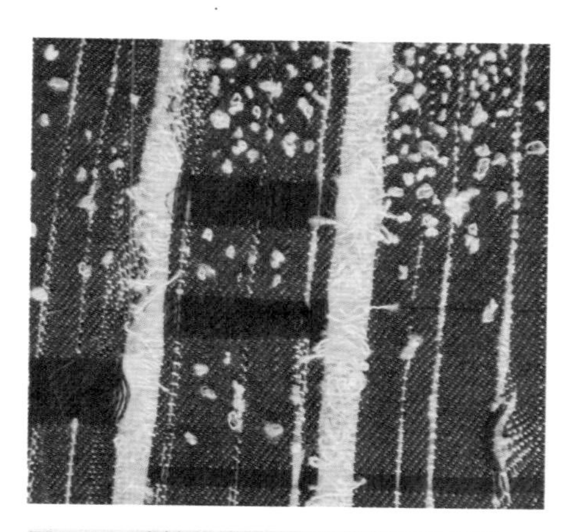
图2-5 残缺与完整对比（学生作品）

图2-6 虚与实对比（学生作品）

图2-7 渐变色调和（学生作品）

趋向于“统一”和“一致”，使人感到融合，协调。在调和中有相似调和与相对调和两种类型，相似调和是将相似的因素结合起来，给人一种统一柔和的美感；相对调和是将变化对立的元素相结合，在对立变化中寻求秩序与和谐的创作方式。在纺织服装面料创意设计中色彩的调和可以利用色彩的渐变或间色来进行调和（图2-7），也可以运用相同装饰手法或相同形状进行调和，在视觉上形成统一与和谐。（图2-8）

图2-8 形状调和（学生作品）

第三节　节奏与韵律

节奏与韵律是指作品中一些元素有条理地反复、交替或排列，使人在视觉上感受到动态的连续性从而产生一种规律感。节奏是韵律形式的纯化，韵律是节奏形式的深化，节奏富于理性，而韵律则富于感性。纺织服装面料创意设计产生节奏美感需要符合两个基本条件：第一是存在对比或对立因素，这首先是指具有本质的区别和对立关系的视觉造型因素的并置或连续呈现；其次必须具备一定数量的较大程度的差异和对立。第二是有规律的重复，从而体现对象的一种连续变化秩序，即对比或对立因素有规律的交替呈现。当我们以整体的、关联的方式安排和处理设计元素时，我们才能使面料作品具有某种节奏，也只有当我们这样观察和体会设计作品时，才能把握它的节奏。

在纺织服装面料创意设计中，节奏的基本形式包括：有规律节奏、无规律节奏、放射性节奏、等级节奏等，不同的节奏给人不同的视觉和心理感受。如图2-9所示，以线为构成元素进行等级有序的设计，运用多种不同材质的线性材料如：软与硬、粗与细、光滑和粗糙、实与虚、曲与直、长与短等进行交错搭配来表现由近及远的节奏感。节奏表现形式有重复、渐变、律动、回旋、起伏等。如图2-10所示，运用同质地的亮片与钉珠材料不断重复，形成有规律的节奏形式。

韵律通常是指有规律的节奏经过扩展和变化所产生的流动的视觉美感。在音乐的概念里，韵律定义为："当几个不同高度的乐音和某种样式的节奏组合在一起，即获得了最简单的最具生命力的音乐形式。"在纺织服装面料创意设计中，重复的图形、色彩以强弱起伏、抑扬顿挫的规律变化就会产生优美的律动感。有韵律的面料创意设计作品一定是有节奏的，而有节奏的面料创意设计作品未必一定有韵律。如图2-11中，由小到大，由细到粗，由密到疏变化的图形，在一定的架构下不断重复，这不仅体现了韵律在节奏基础上的升华，也是韵律与节奏相辅相成的最佳体现。纺织服装面料创意设计作品借助色彩的反复与变化造就一种有强弱起伏规律、有动感的形式也是体现韵律美的一种有效的手法。(图2-12)

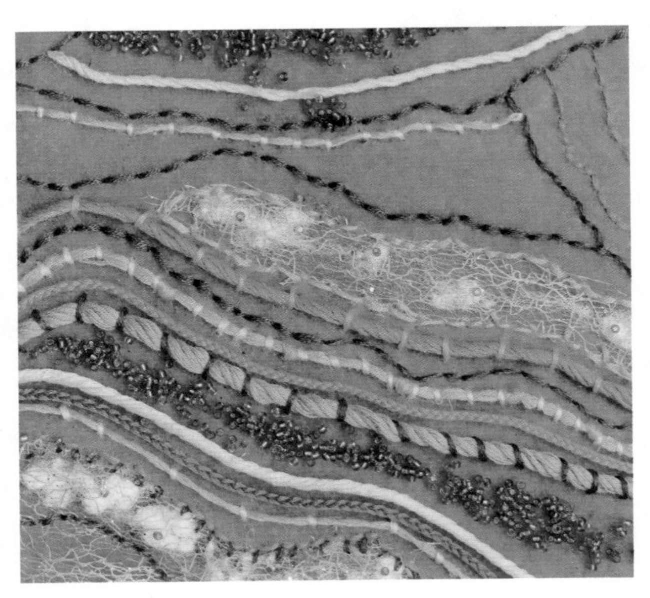
图2-9　等级节奏（学生作品）

图2-10　有规律节奏（学生作品）

图2-11　放射性节奏产生的韵律

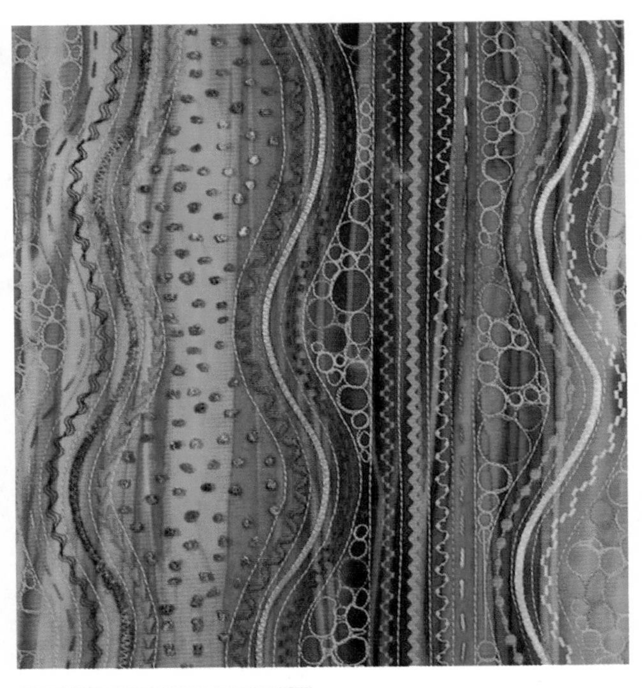
图2-12　色彩的节奏与韵律

第四节　对称与均衡

对称与均衡是不同类型的稳定形式，即保持物体外观量感均衡，以达到视觉上的稳定态势。对称是指作品中轴线两侧图形比例、尺寸、色彩、结构呈镜射结构，在对称形式中对称点或对称轴线会成为视觉的聚集焦点，能够起到突出中心的作用。对称的形态在视觉上有端庄、静穆、均匀、协调、庄重、稳定、秩序、理性、沉静的朴素美感，符合人们通常的视觉习惯。在纺织服装面料创意设计中，可以采用左右对称、斜角对称、多方对称（图2-13）、反转对称、平移对称、结构对称等方式来进行创作。如图2-14中，采用结构对称的形式，展现均衡、稳定的美感。

均衡是指物体上下、前后、左右间各构成要素具有相似的体量关系，通过视觉表现出来的秩序以及平衡感。在纺织服装面料创意设计

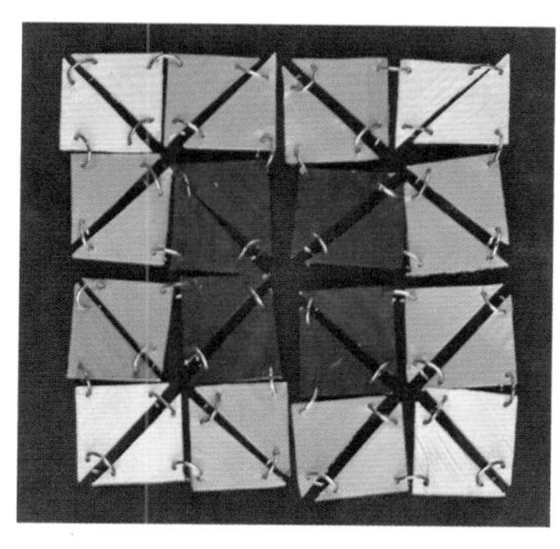

（a）

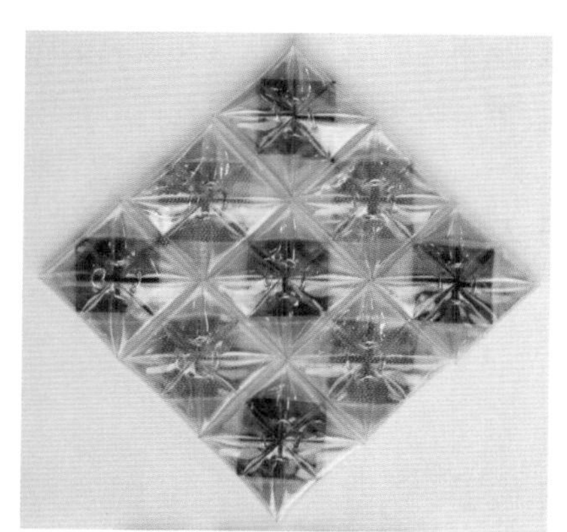

（b）

图2-13　多方对称（学生作品）

（a）

（b）

图2-14　结构对称（学生作品）

（a）

（b）

图2-15　蒙德里安式色块均衡（学生作品）

中，均衡结构是一种自由稳定的结构形式，一个画面的均衡是指画面的上与下、左与右取得的面积、色彩、重量等的大体平衡。如图2-15所示，作品以蒙德里安构图为灵感，画面中的方块并非左右完成对称，但在不规则的构图里，色彩的量感以及不同区域的肌理都通过面积的比例使作品产生了一份自然平衡的美感。

在各种纺织服装面料设计中，出于人们对于上下、左右对称形式的视觉习惯，对称结构的服装及面料设计是较为常见的。但在面料创意设计中频繁、大量的对称也可能会使作品过于呆板而缺乏生动的变化。而均衡的结构形式能打破这一局面形成更为生动活泼和富有运动感的视觉效果，但有时候也会由于变化过强而导致失衡。因此，在纺织服装面料创意设计中要注意把对称、均衡两种形式有机结合起来灵活运用。

第五节　比例与分割

比例与分割是艺术设计中非常关键的形式美法则，它是指设计作品的整体与局部、局部与局部之间的尺度或数量关系。合理的比例是形成良好视觉效果的基础，在对面料进行创新设计时，应首先对面料比例进行合理划分，应结合服装甚至人体的具体尺度，分析服装的局部整体结构、人体活动的特征，合理分割面料，以此突出作品的完美比例。

比例与分割的纺织服装面料创意设计主要通过打散重组原有材料，重组个体，合理地分配面积、色彩、材质的数量关系，并通过绗缝、刺绣、褶皱等手法来完成和实现。（图2-16、图2-17）

设计师通常根据视觉习惯、体型尺度以及审美需求等因素来确定设计主体的比例关系，常被广泛使用的比例关系有黄金比例、等差数列、等比数列等。其中，黄金分割比例是被公认为最能引起美感的一种比例形式，黄金分割比例是一个数字的比例关系，即将一条线一分为二，而长段与短段的比恰巧为整条线段与长段之比，其比值近似为数据1：0.618。人体也可以以相同的方式进行分割，即以人的肚脐为界，上半身长度与下半身长度与黄金比数值一致。如图2-18、图2-19所示，服装设计中用分割线、色块、面料肌理严格控制服装与人体的比例关系，使得视觉

图2-16　色彩面积的比例分割

图2-17　肌理褶皱的比例分割

图2-18　服装结构与黄金分割比例

图2-19　服装配色与黄金分割比例

保持审美、和谐统一。如人体的结构和比例是服装结构设计的依据，不同身体部位，如：肩膀的宽度、腰线位置、袖子长度等都有约定俗成的尺寸和比例关系。创意面料所装饰的部位、面积的大小、色彩配色对服装以及视觉比例都具有关键性的作用。因此，对面料的创意设计可以被认为是调节服装比例与分割的一种重要的手段。

值得说明的是，设计中的比例与分割形式并不是绝对和一成不变的。在设计的过程中需要考虑设计对象的风格、功能以及受众人群等多方面的因素来进行比例的合理调整和灵活控制，在满足其实用功能的基础上实现美学价值。

所以在设计过程中，形式美法则的运用是纺织服装面料创意设计的理论依据，而不是束缚设计创新的框架，在灵活利用形式美法则的基础上，也要敢于有新的尝试和突破。这种突破可分为局部和整体的突破，局部突破指在小面积脱离形式美法则的规律，而并不影响服装整体的审美与艺术效果（图2-20）；整体突破则是全盘否定形式美法则的审美习惯并建立新的设计结构，被称为“反常规”设计。（图2-21）整体突破虽然不是设计的主流和惯用的方法，但是在服装设计领域也不乏优秀大胆的“反常规”作品。两种突破形式是设计师寻找新的设计方法和挑战新的设计构思的有效途径。

图2-20　局部突破

图2-21　整体突破

第三章

纺织服装面料创意设计的流程

在当今的服装设计领域，设计风格包罗万象、百花齐放。如何在众多的设计方向中找寻一个突破口进行纺织服装面料创意进而衍生出系列服装设计是值得我们探讨和思索的。作为服装设计专业的学生如何在最后的毕业设计中展示自己的才华，将四年的积累化为一道令人惊艳的彩虹，服装面料的创意设计或许可以为你锦上添花。而作为一个以文化创意设计为职业的设计师，学习纺织服装面料设计的诸多方法，也能为自己的产品、手工艺增加不少的附加值。本章就通过介绍纺织服装面料创意设计的流程为读者展现一个系统的设计方法与步骤，促进设计的思维发散与现实转化。

第一节　找寻设计灵感，设定主题方向

一、找寻设计灵感

常听一些设计师说，设计无法开展，所以他们只会对过去的形式抄袭挪用，拼凑出缺乏意义的自我“风格”。由于缺乏系统的设计思维过程，所以设计自然也就显得空洞。在本书的第二章中，针对纺织服装面料创意设计的灵感来源做了较为全面的描述，即灵感不可凭空出现，但也不是偶然而独立的。所以设计师应该有敏感的神经，丰厚的知识积累，丰富的想象力，以求得突发的灵感来源。

灵感来源于设计师长期的知识信息的积累。不仅仅限制于本专业的知识，设计师需要接收大量外在资源和信息，从而完善已有思维的独特性。一方面，知识面的广泛性能让我们较好地克服逻辑思维的片面性。另一方面，因为事物都是普遍联系的，这就可以让不同的知识从不同的角度丰富本专业的内涵：绘画、摄影、雕塑、舞蹈、音乐、戏剧、电影、诗歌、小说、建筑、科学技术等，任何领域的任何知识都有可能成为我们触发灵感的基点，灵感经过设计师提炼升华、通过想象力重新造型，便可以产生千差万别的创意设计作品。

在寻找灵感的旅程中，人们往往忽视自己身边的物质形态，因为对它们的熟悉而变得不以为然。例如：旅行是服装设计师最常用的汲取灵感养分途径，

探访彩云之南的大理白族扎染，人们所期待的是受染料浸染后绽放的蓝白图案，但却忽视了捆扎面料时所形成的丰富褶皱和立体肌理。又如参观自然博物馆，远古时期的动植物化石的形态以及肌理都能激发无限的灵感火花，参观民俗博物馆从清代的藤编旅行箱中收获到编织纹样、图案的启迪。看似沉闷的博物馆对于敏感的设计师而言，是一个取之不尽的灵感源泉。

“医院”似乎是和时尚艺术没有任何交集的场所，人们很难会考虑使用这样一个概念作为服装面料创意设计的灵感主题，然而偶然的一次病痛经历却成为设计师甘晓露（Ruby Gan）系列作品《穹骨》（*The Transformed Body*）的灵感之旅。X光片里的复杂且秩序的人体骨骼、在皮肤下川流不息、纵横交错的血管、显微镜下的千姿百态的细胞，这些构成我们人体的复杂“零件”支撑了我们行走，给予我们心跳和脉搏，陪伴我们每一次呼吸，这些熟悉而又陌生的元素成为了灵感宇宙中迸发的星星之火。以职业设计师的眼光重新审视这些被忽视的又最熟悉的物质，进而研究它们时，就会发现它们能给予我们全新的认识和启迪，并从中获取设计元素。（图3-1）

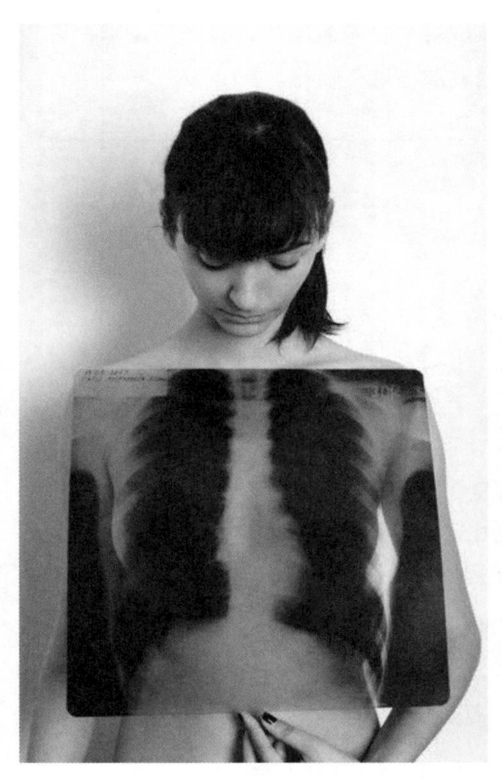
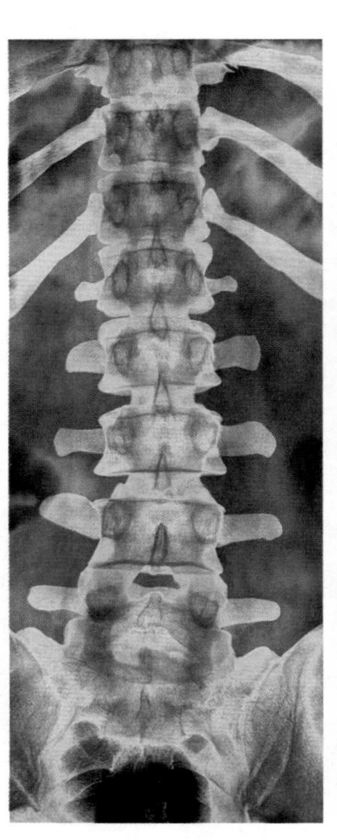
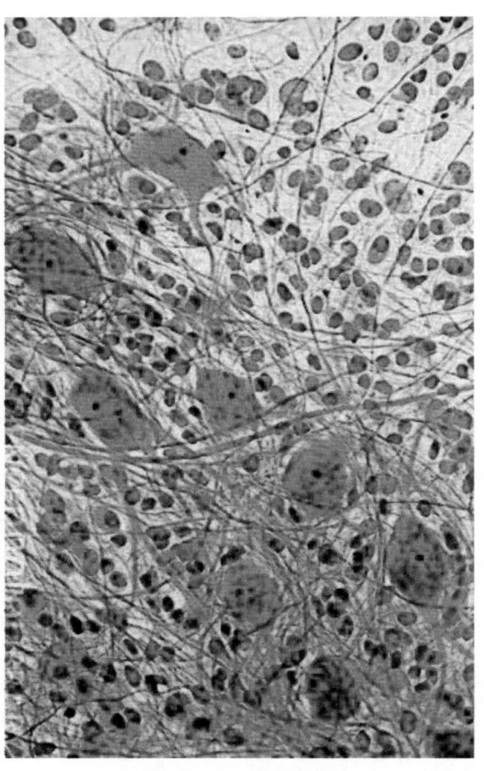
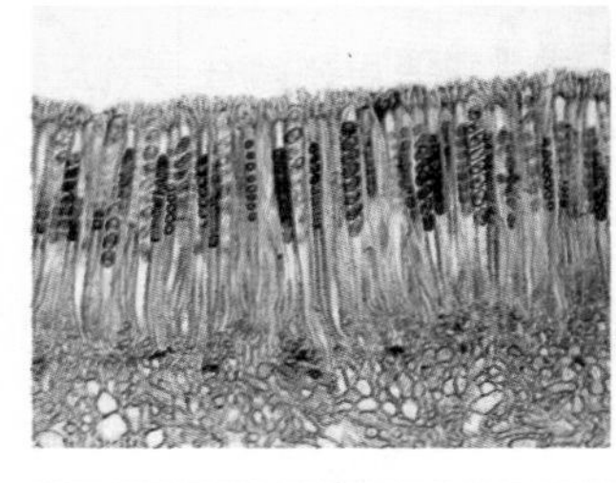
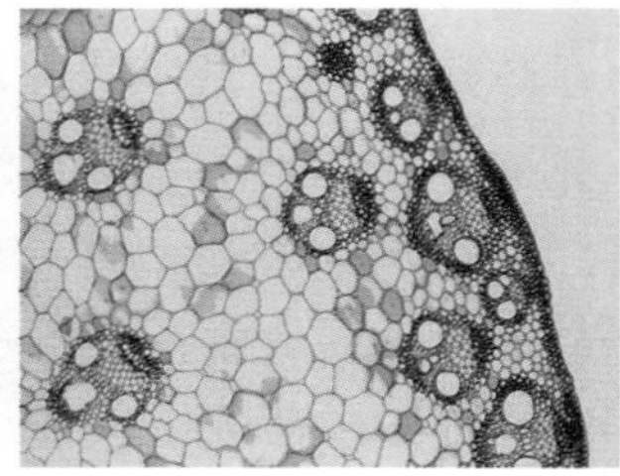
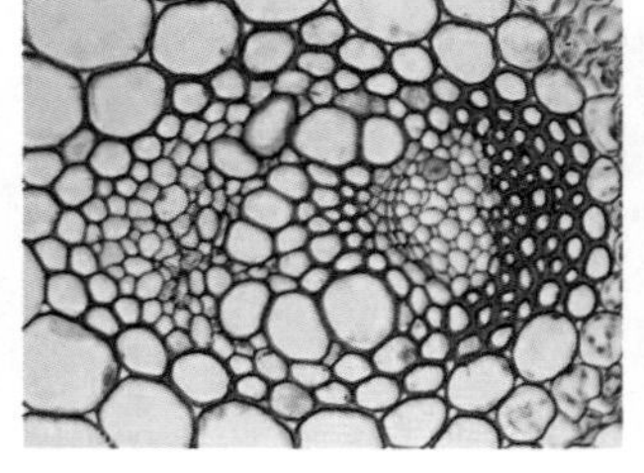
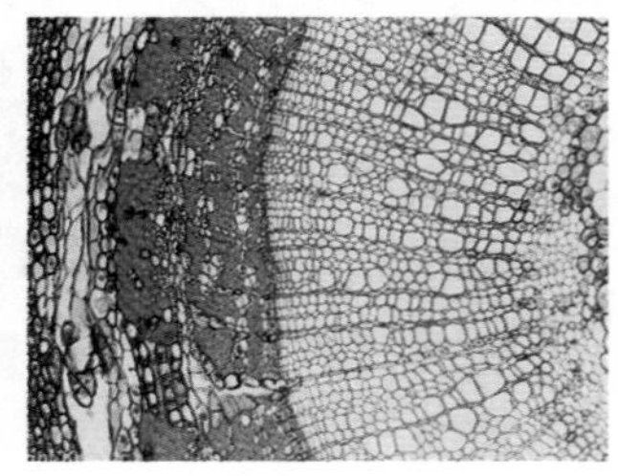

图3-1 “医院”灵感图片收集

图3-2 *The Transformed Body*灵感来源版

二、设定主题方向

经历了灵感的迸发阶段，许多灵感的碎片充斥着我们的大脑。在杂乱无章、毫无头绪的灵感风暴中，接下来需要完成的是酝酿主题，把虚无缥缈的灵感碎片组织成主题灵感来源图。根据灵感方向，可以收集相关主题的图片和剪辑的杂志画报，或者用速写本作第一感觉的快速记录，然后将其中有关于同一事物的典型图片和资料重新组织起来，贴在一个厚纸板上，这个过程我们称之为创作灵感来源版，创造“灵感来源版”要注意以下几点。

（1）设计师是在有了具体的灵感方向大量地收集资料，在酝酿某个主题的过程中，经过自己的筛选而制作、剪贴出灵感来源图，如果有两个或者更多主题，就需要创作更多的灵感来源版。

（2）灵感来源版是设计师进行主题确定时的一个重要的依据和参考材料。并将会在此基础上进行比喻、借喻、联想和想象的加工和创作，直至设计出具有创意的系列面料设计作品。

（3）在创作“灵感来源版”的过程中尽量选择一些具象、生动、色彩鲜明的图片进行制作。“灵感来源版”会形象地表达设计师的灵感发源过程，是设计师对于主题挖掘的思维地图，在国外的设计专业里也会把创作灵感版称之为Mind Mapping（灵感拼图）。（图3-2）

以*The Transformed Body*的灵感来源版收集为例，在“医院”众多的灵感碎片中着重挖掘“X射线下的骨骼和肌理”这条线索。从X射线下的骨骼X光片分析人体骨骼排列规律，从人体骨骼的形态联想到与之有共性的建筑骨骼和肌理。对灵感线索进行纵向挖掘，用比喻、联想、加工等一系列方法对主题“骨骼”进行研究与创作构想。

第二节　提取主题元素，找寻设计素材

确立主题方向之后，便可开始从中找寻最能说明主题的设计元素，可以将调研结果与灵感来源以视觉语言形式（创意拼贴、创意手绘、创意装置、特殊材料）予以大量尝试，使思路得以发散，并探讨更多的可能性。将虚无缥缈的灵感碎片转换成能用纺织材料和设计语言表达的设计元素和设计手法。设计元素中包括了形象造型元素、色彩元素、肌理元素。将设计元素进行重新变化以及整合归类，以形成一套具有完整的系列化的设计方案。

一、提取主题元素

*The Transformed Body*作品在确立以“人体骨骼”为设计主题之后，便开始着手调查研究主题相关内容和素材。对X射线下的人体骨骼所呈现的影片进行研究，从形态造型元素上进行分析。由于骨骼在人体不同的部位所呈现的形态结构和肌理是有很大区别的，需对每一类型骨骼的特征以及排列规律进行分析和图形取样。从色彩元素角度分析，人体骨骼在X光射线下呈现黑白色调，在局部有不同明度的灰色调，这些灰调存在丰富的变化以及可探索性。在骨骼的构成中肌理变化是最为突出的特征，由于骨骼排列的形式千变万化，其肌理形态也伴随着相应的变化，这些独一无二的骨骼肌理是创意面料设计表现的最佳切入点。（图3-3）

图3-3　X射线下的人体骨骼灵感来源版

图3-4 建筑框架与肌理灵感版

二、找寻设计素材

*The Transformed Body*作品中的设计素材就是建筑框架和造型肌理。在X光片中可以清晰地看见我们的骨骼。如果把身体比作一座活动的建筑，骨骼就是这座建筑的钢精框架，坚实有力地支撑着这座建筑，建筑和人体的结构有着异曲同工之处。建筑的框架结构相比人体的骨骼形态更为丰富多变，在服装的轮廓结构和骨骼图案造型上都具有可借鉴的价值。建筑内部空间，外部墙面都有节奏形式丰富的肌理造型，进行各种建筑肌理的收集对于骨骼创意面料设计的肌理挖掘提供了更多灵感方向。（图3-4）

第三节　选择工艺技法，完成面料小样

通过一系列主题相关素材的研究，设计方案初见雏形。*The Transformed Body*整个系列以X射线下人体骨骼图形为参照，拟进行全身定位的3D数码印花图案设计。要根据骨骼的排列特征并借鉴建筑的造型肌理，设计一系列仿骨骼肌理的创意面料。用平面图案和立体肌理两种不同空间维度的设计手法来展示人体骨骼这一主题。

一、选择工艺技法

*The Transformed Body*采用全身定位数码印花工艺来完成面料创意设计。首先分析X光拍摄下人体骨骼的基本型，以170cm身高的女性人体骨骼为研究对象，根据身体各个部位的骨骼形态使用AI软件进行全身定位数码印花规划。图案造型以头部以下的胸腔、腹腔、盆腔、腿骨四个部分的骨骼形态和比例作为图形依据，人体定位数码印花图案尺寸设置为150cm×50cm，腿部骨骼造型尺寸为120cm×30cm，胸腔定位数码印花尺寸为40cm×55cm。（图3-5至图3-9）由于服装裁片需求以及合理的排料可以节约面料成本，图案设计完成便需要通过印花循环的工艺图排料设计。（图3-10）

数码印花的工艺特点是采用四色印刷还原法，因此以四色墨水的特性决定了它只能在纯白色面料上才能完美显现出色彩还原，故此设计师选择纯白色涤纶面料进行骨骼图案的数码直喷印花。

二、完成面料小样

*The Transformed Body*采用面料肌理造型——骨骼折叠肌理的方式来完成。骨骼肌理具有连续性、叠合性、重复性等特点，抓住这些特征需要尝试多种面料和肌理造型手法。由于肌理造型需对面料进行多次切割，若选择一些平纹织物，容易虚边而达不到随意造型的目的。经过试验和多次选择尝试，设计师最后找寻到了一种交织面料，它可以随意剪裁而不致虚边，并可任意造型。在肌理的创作中也有多种造型方式，根据骨骼的特点选择了其中三种作为系列

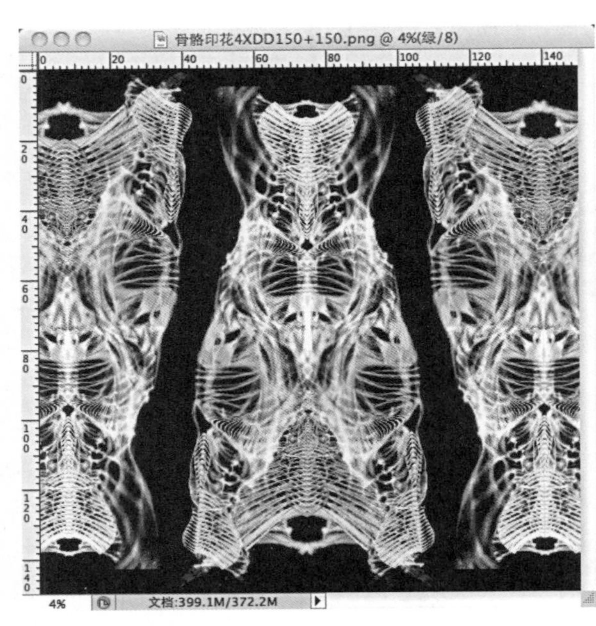

图3-5　人体骨骼全身定位数码印花

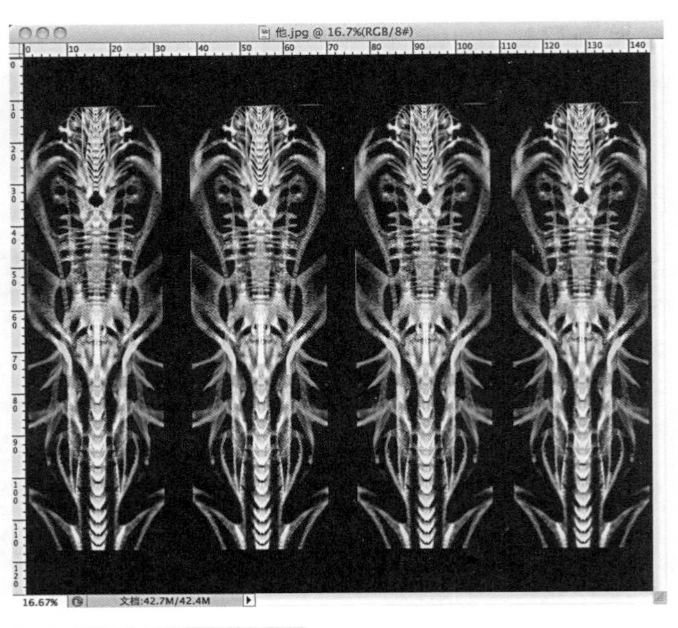

图3-6　腿骨定位数码印花1

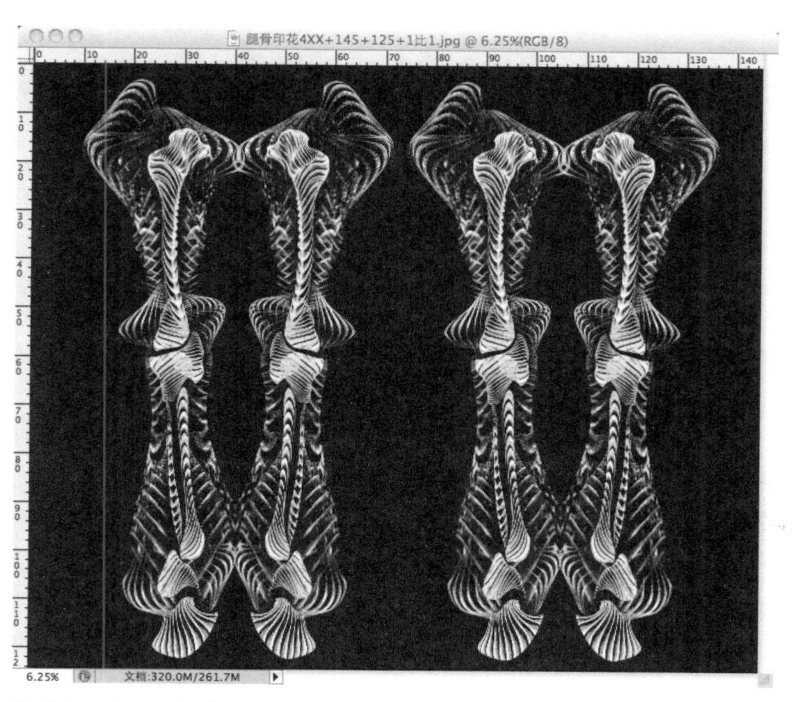

图3-7　腿骨定位数码印花2

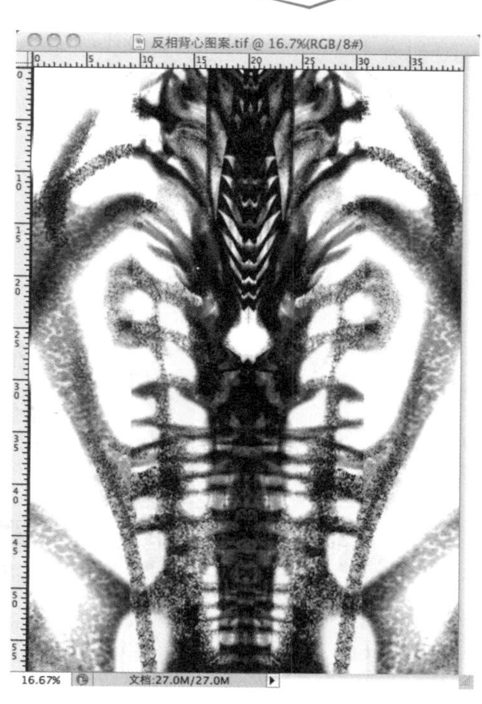

图3-8　胸腔定位数码印花1

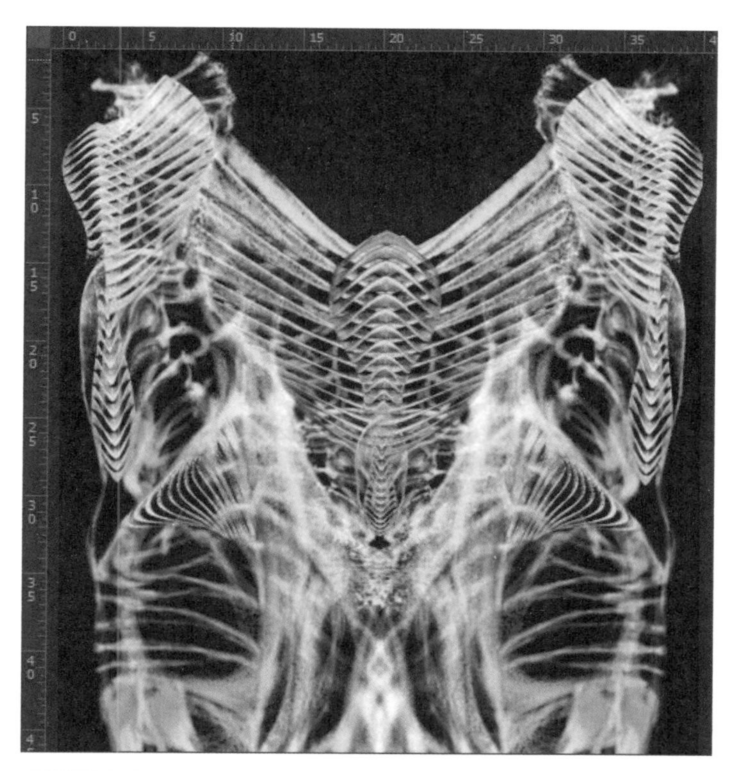

图3-9　胸腔定位数码印花2

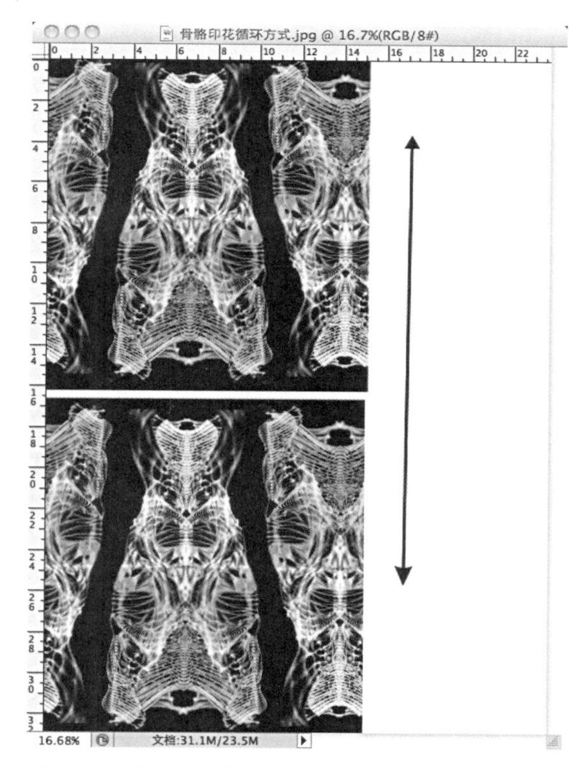

图3-10　骨骼全身定位印花循环方式

肌理的设计，其中有一种肌理通过八种工序才完成，包括切割、剪切、铅笔定位、拉弧、排列、折叠、拼合等。（图3-11）

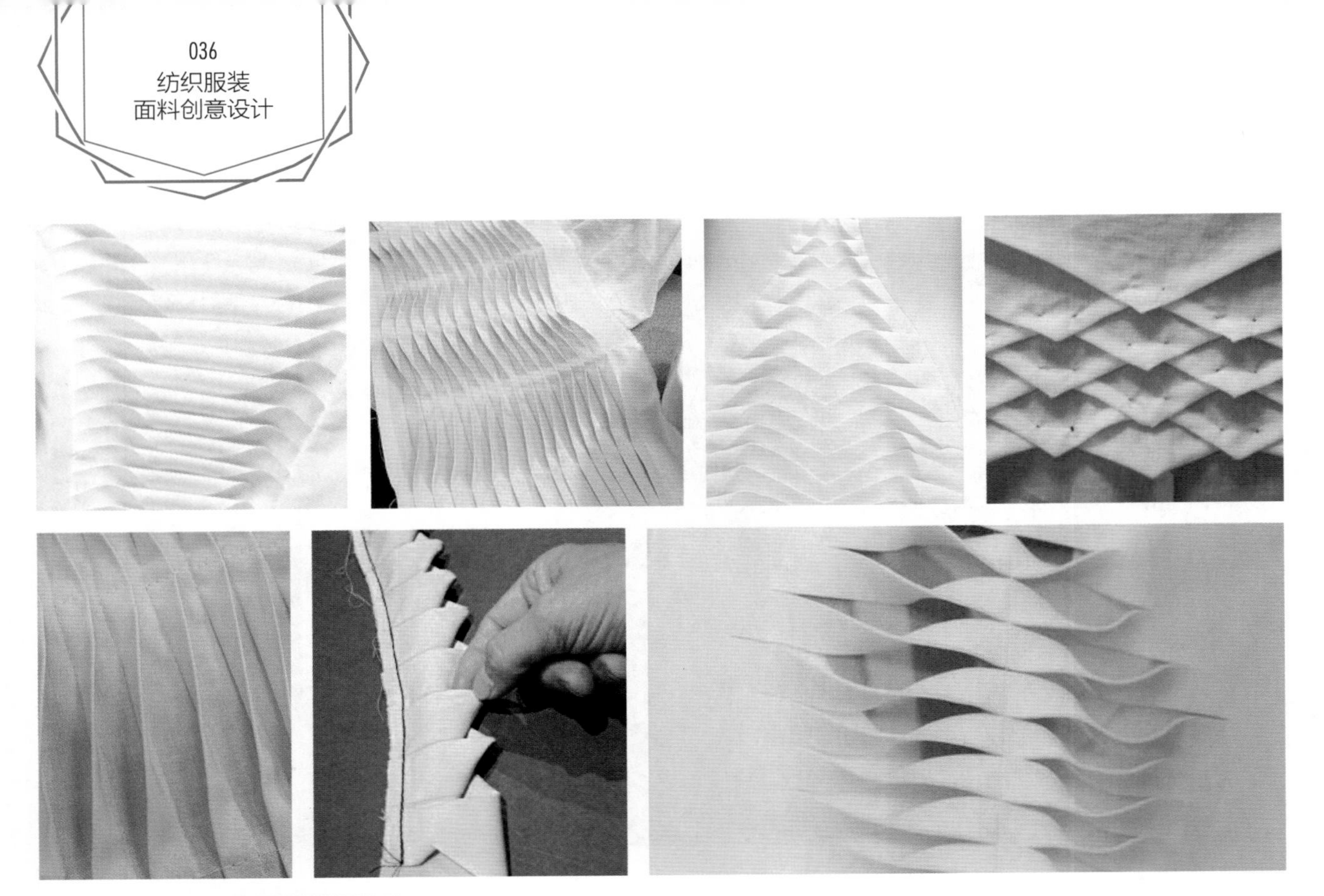

图3-11　骨骼肌理造型的面料小样

第四节　绘制设计效果图，制作成衣作品

一、绘制设计效果图

在主要的设计创作手法、色彩、图案肌理、特殊面辅料以及印染工艺等确定之后，便可开始着手进行设计效果图的绘制。设计效果图可以用手绘，加上Photoshop、CorelDRAW、AI等软件绘制而成，根据图案的分布和服装的内容，可以设置整个系列以一组六套服饰来构成。在服装的款式、图案变化等方面进行差别化的设计，让服装的品类、结构、比例以及图形、肌理排列的位置在画面上得到较好的组合与平衡。

二、制作成衣作品

在主题研究过程中，建筑流畅、简洁的造型在服装外轮廓和结构上给予了设计师灵感和方向，为了塑造挺括的建筑感轮廓，服装外套材质上选用了适于造型的厚呢料以及加厚粘合衬制作。

在色彩和配色上，为了凸显X射线下骨骼的黑白胶片感觉，整个系列以黑、白、灰三色为主。（图3-12）色彩的面积也应与服装的比例相协调，色面积的对比组合决定着整个系列的基调。在骨骼图案的数码印染工艺中只需使用黑色染料进行数码喷绘，黑、白、灰的色调变化由黑色染料的喷绘量多少进行控制。

肌理造型制作在成衣工艺中属较为繁复的一个环节。对面料进行裁片后就需根据肌理造型的位置、面积来进行制作。三种肌理的制作方法都不同，肌理的种类、面积大小以及服装上所处的位置都需考虑服装的比例与结构是否相适宜。（图3-13至图3-21）

图3-12 面辅料以及色彩选择

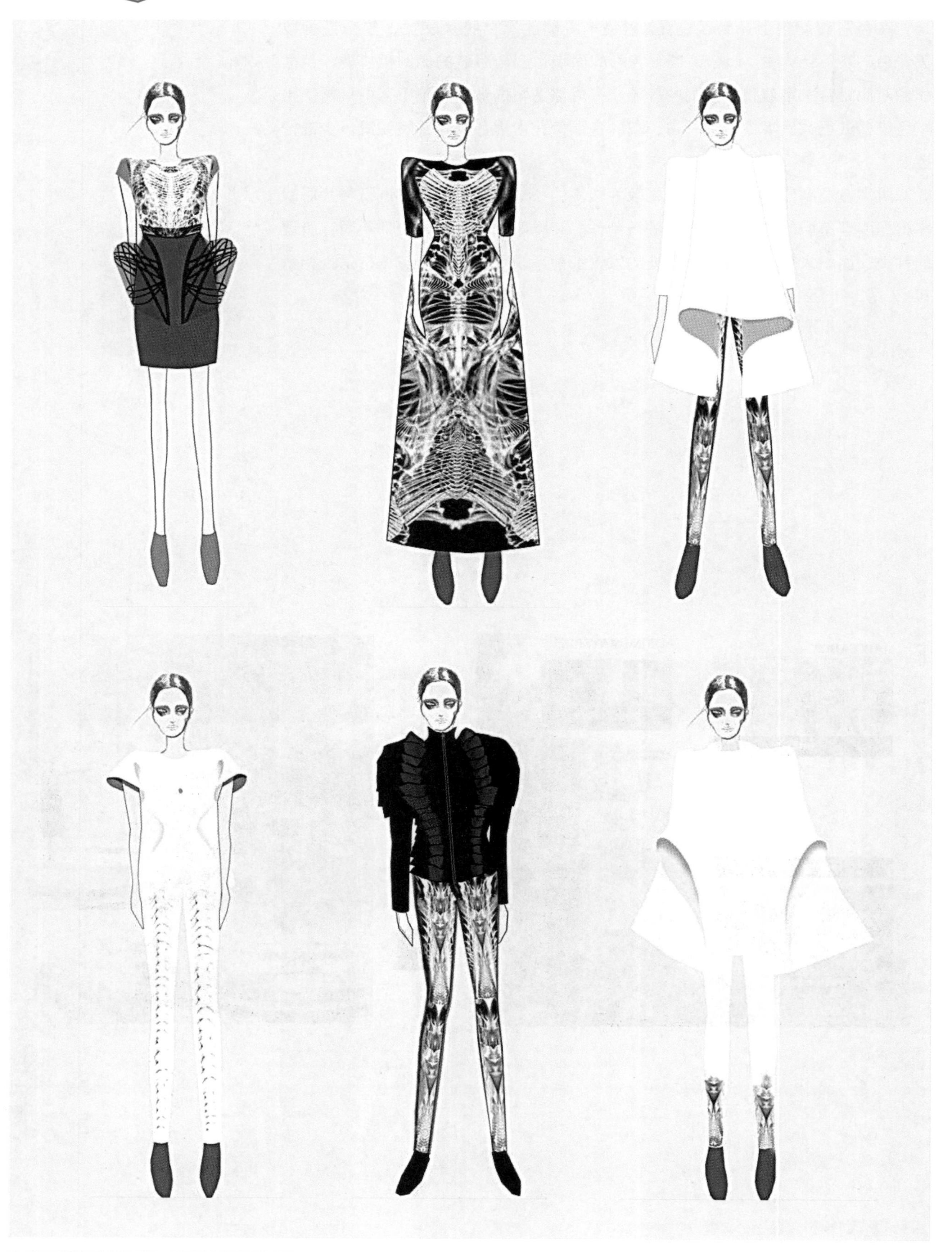

图3-13 The Transformed Body作品效果图

图3-14 The Transformed Body作品成衣图1

图3-15 The Transformed Body成衣图2

图3-16 The Transformed Body作品成衣图3

图3-17　The Transformed Body作品成衣图4

图3-18 The Transformed Body作品成衣图5

图3-19 The Transformed Body作品成衣图6

图3-20 The Transformed Body作品成衣图7

图3-21　The Transformed Body作品成衣图8

第四章

纺织服装面料创意设计的工艺技法

纺织服装面料的创意设计工艺种类繁多，为了提炼面料创意设计技法的精髓，激发面料设计的新的潜能和思维，掌握最前沿的面料创意设计方法，必须以科学与艺术结合的理念来进行创作，并要本着纺织服装面料设计与服装设计进行高度融合的思想。总的来说，纺织服装面料创意设计的工艺技法特点、材料的运用趋势可以囊括为加法工艺、减法工艺、立体造型工艺、创新工艺等四种不同的方法。

第一节　加法工艺

加法工艺的面料创意设计方法主要是运用各种方式在面料的表面将相同或不同的多种材料进行重组、叠加、组合的过程，使面料在色彩、图案、肌理上形成更丰富的层次。加法工艺面料创意设计技法包括：刺绣、绗缝、缀珠、盘结、毛毡等各类手缝法；增加珠片、缎带、蕾丝、绳等各种材质装饰法；也包括印花、绣花、提花、植花等纹理装饰法；扎染、蜡染、手绘、数码印花等图案印染法。

一、编织工艺

编织工艺是中国传统民间手工艺术中最具有代表性的一种艺术表现形式。从古老的结绳记事到现代的编织纺织艺术品，编织工艺都以独特的魅力在手工艺术中占有重要的地位。随着时代的发展，编织艺术以其独特的肌理质感、丰富的色彩变化、独特的材质创新被广泛运用于产品、服装设计等领域，设计师们汲取编织艺术的精华，结合时尚资讯、潮流趋势能创造出极具时代感的编织艺术作品。

1. 编织工艺的艺术特点

编织工艺的艺术之美在于编织材料具有丰富多变的生命力、编织的方式与编织者的情感交织在一起表达了艺术作品所要展现的情愫。中国传统的编织材料都是选用动植物的天然纤维的绳线，而现代的编织工艺可选用的材质范围越来越广泛，如：尼龙绳、曼波线、金葱线、合成纤维材料等。丰富的材料加之丰富的编织技法如结、穿、绕、缠、编、抽等，可创造出丰富多变、独特创新的编织艺术作品。设计师可随着对编织工艺熟练的掌握以及编织材料深刻的挖掘对绳、线进行灵活多变的艺术加工，完成具有自我独特

艺术风格的艺术作品。（图4-1、图4-2、图4-3）

编织材料的绳线韧性较好，因此大部分编织作品具有圆滑和流畅的特点，绳线编织形成纵横交错、牢固结实的结构。不同材料组合和色彩的搭配能使编织而成的艺术品具有较强的视觉表现力和丰富的肌理感。通过设计师的创意思维来进行加减变化，使得编制成的面料及服装设计作品具有强烈的表现力和艺术感染力。

2. 编织工艺技法制作流程

（1）所需工具：纸、皮革、剪切工具（剪刀、激光切割设备）、网格面料、线、针。

（2）编织工艺步骤流程。

步骤一：用纸质材料做编织作品的初稿小样，把纸质材料切割成1cm宽的纸条，切割后按照编织的工艺进行结构的尝试和定型。（图4-4、图4-5）

步骤二：用纸质材料进行各种编织工艺技法的尝试，确定编织小样的结构和编织手法。在操作尝试过程中确定以平纹组织方式进行编织。平纹组织是一种以1∶1比例交替出现的基础组织，按照经纬走向，纸条一上一下相间交织而成的结构。（图4-6、图4-7）

图4-1　麻绳编织法

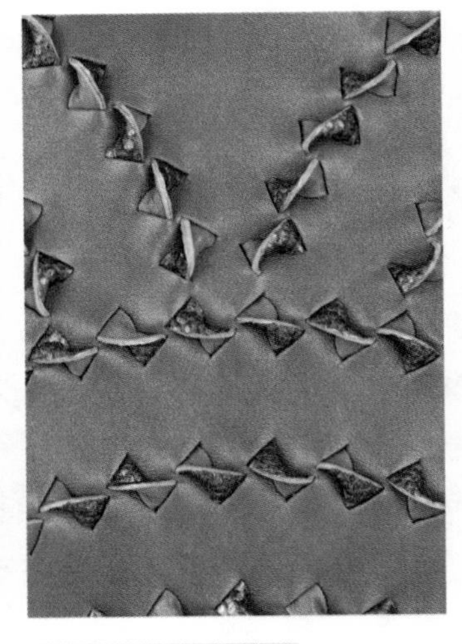
图4-2　皮条穿绕法

图4-3　棉绳编结法

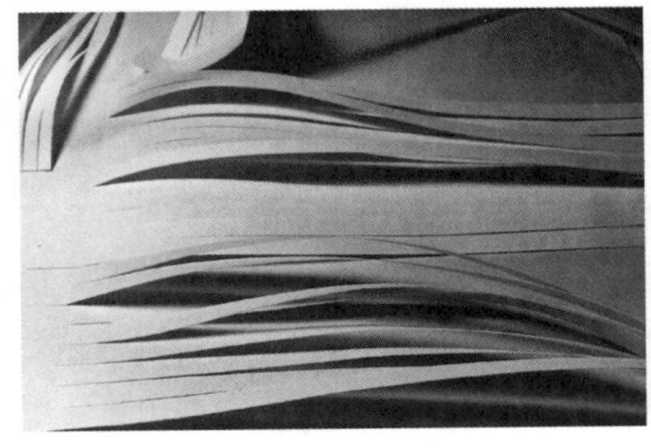

图4-4　切割纸条

图4-5　编织工艺造型试验

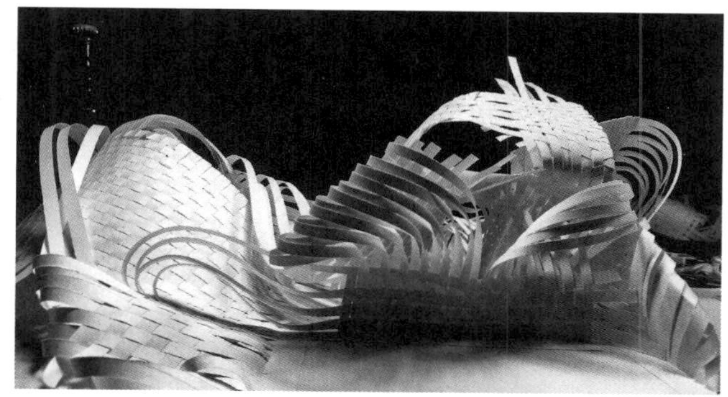

图4-6 平纹编织工艺

图4-7 平纹编织的立体造型尝试

图4-8 切割皮条

步骤三：经过一系列材料的筛选和肌理效果的尝试，最终选定不须边、易切割的皮革面料进行裁剪，切割的单位宽度为1cm、长度100cm，后期长度会根据服装的造型进行调整。（图4-8）

步骤四：作为编织肌理的载体，需以白坯布进行样衣制作。以立体裁剪的方式结合经典的风衣版型结构做出版型结构设计，以确定服装的轮廓与结构造型。（图4-9）

步骤五：为了结合编织肌理效果，选用网状的材质进行服装制作，把立体裁剪的风衣裁片进行剪裁与缝合。为编织平纹结构的肌理做准备。（图4-10）

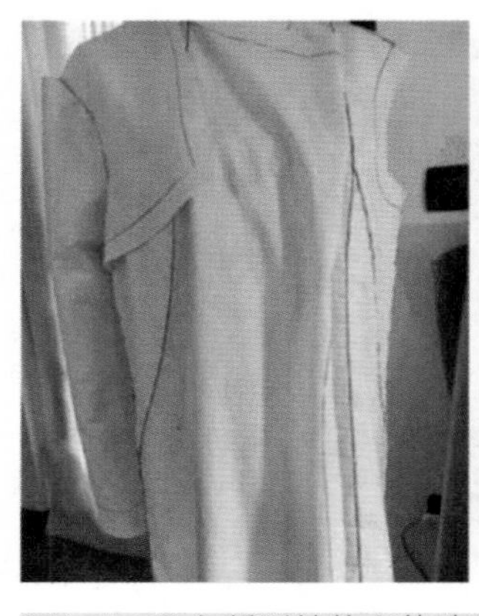
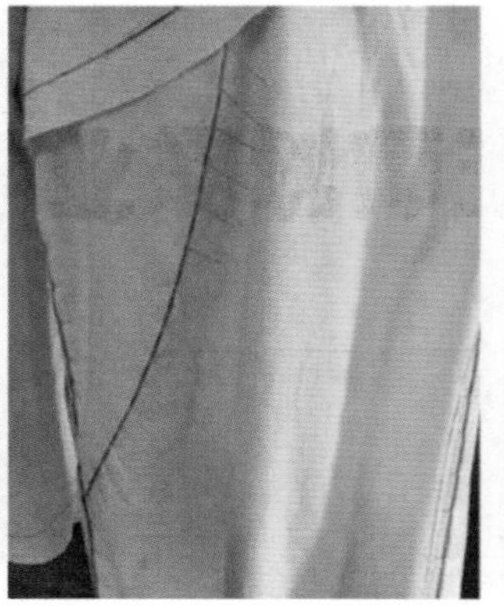

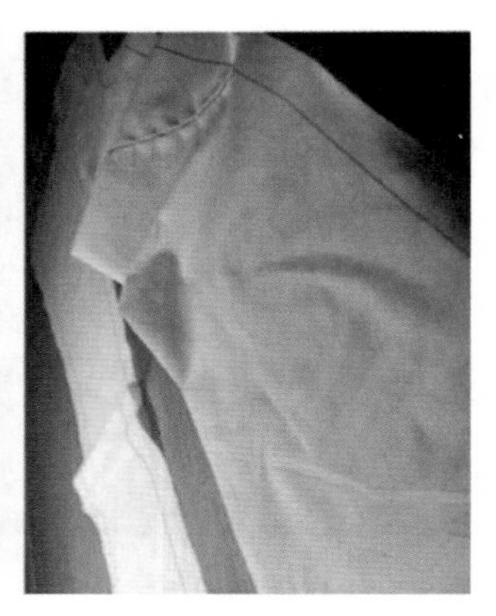

图4-9 风衣版型结构立体造型

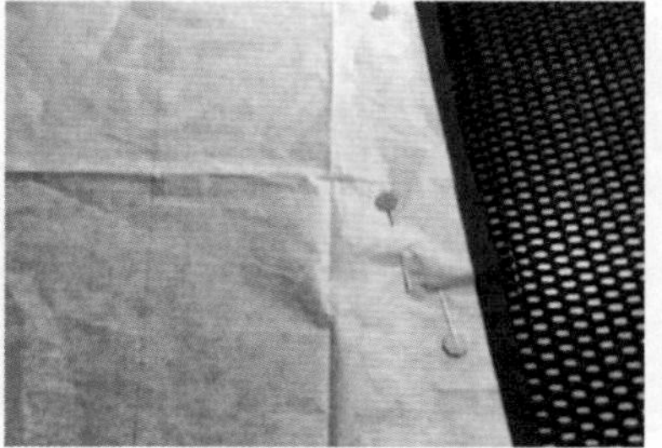
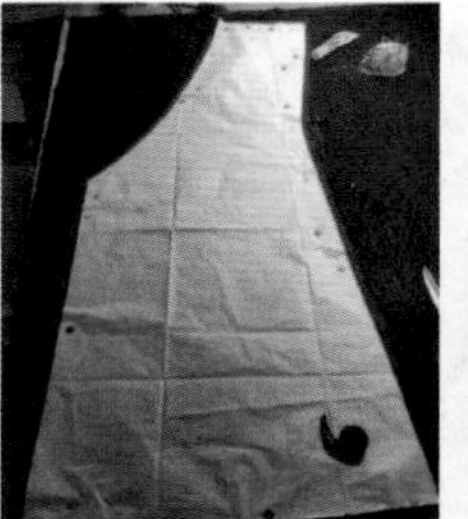

图4-10 网状面料的风衣裁片

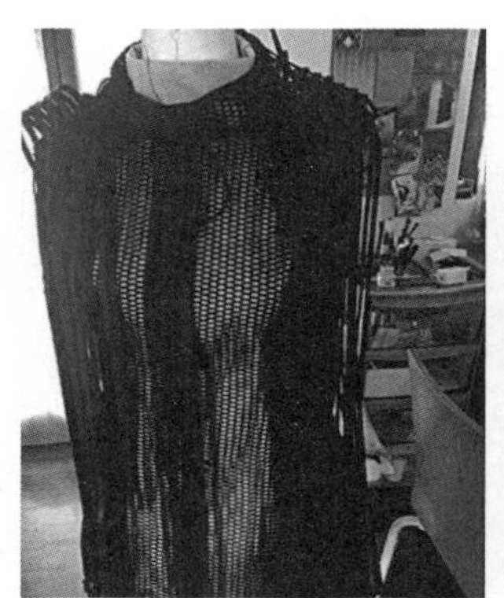

图4-11 平纹皮条编织工艺与网状面料进行结合

图4-12 皮条编织工艺的创意造型

图4-13 创意编织工艺设计作品

步骤六：在制作好的风衣基础上进行平纹组织的皮革编织，根据服装的结构与变化分别进行局部的肌理编织，并把皮条编入网状面料进行拼合，使得编织肌理与服装形成完美和谐的统一。在拼合的过程中，尝试使用流苏、折叠等其他设计手法与网状材质进行合编，使服装在细节与结构上拥有更多的变化和层次。（图4-11、图4-12）

步骤七：完成编织作品。（图4-13）

二、扎染工艺

1. 扎染的概念与艺术特征

在中国历史上，扎染曾被称作“绞缬”或“撮缬”，它与蜡染——“蜡缬”、蓝印花布——“夹缬”统称为“三缬”，扎染工艺传承几千年，是中国最典型的防染印花工艺之一。扎染作为一门传承久远的染织工艺，特色的扎缝和染色工艺造就了其特殊的美感，自然素雅的扎染纹样拥有鲜明的艺术风格，具有令人惊叹的艺术魅力。其特征可从三个方面进行概括：色彩、肌理、图案造型。

（1）色彩效果。

色晕效果是扎染工艺最典型的艺术特征。扎染纹样染与防之间是一种丝丝连连，延绵不断的斑驳效果，从而形成层层叠叠的渐染色彩。晕色分为两种：一种是单色晕染效果。典型的如传统蓝白风格的扎染，极具宁静平和的美感和古朴素雅的意蕴。另一种是多色调和晕色。通过不同色相、不同明度的染液进行多次染色，产生的色彩图案犹如写意中国画，朦胧含蓄的美感被淋漓尽致地表现出来。由于晕染能产生出变幻莫测、朦胧柔美的视觉感染力，使得扎染制作成的面料经常被用于女性的服装与饰品设计中，能达到一种梦幻般的抽象效果与独特的色彩美感。

（2）面料肌理。

面料肌理是扎染艺术的另一大特色。扎染过程中需要对面料进行捆扎或夹压，形成了特殊的渗化、折皱的效果，一方面形成了晕染图案，另一方面也改变了面料的肌理，这样就会使最终的面料呈现出褶皱或纹理效果。扎系方法不同，其所形成的面料肌理也不尽相同，这些褶皱使得面料在触感上多了一份内涵。它们呈现出一种斑驳的浮雕感的艺术效果，这些自然而不造作的肌理赋予了扎染艺术独特的视觉张力与触觉感染力，是扎染艺术强烈个性美感的表现。（图4-14）

（3）图案造型。

扎染具有丰富多样的图案造型，扎染图案包括写实型图案、抽象型图案、装饰型图案和组合型图案等。尤其是传统扎染，涵盖了从对自然界万事万物的描摹到对人文世界的刻画的各个方面，反映出人们对自然美的赞叹和对生活的热爱。另外，由于扎染工艺的特殊性，其创作中既保留了设计者的设计思想理念，又会呈现出一些设计之外的偶然变化。从传统到现代，扎染纹样题材丰富，图案造型特色鲜明，实现了造型设计必然与偶然的统一，具有高度的艺术价值与实用价值。（图4-15）

2. 扎染工具与工艺流程

（1）扎染原料与工具。

中国的扎染以大理白族地区为胜。白族传统扎染原料为纯白布或棉麻混纺白布，染料为苍山上生长的廖蓝、板蓝根、艾蒿等天然植物熬煮出的蓝靛溶液。

图4-14 扎染艺术作品1

图4-15 扎染艺术作品2

扎染所用到的工具主要有用于提取植物染料的大锅、浸染用的木制大染缸、搅拌染料的木染棒，还有用木棍、竹竿或钢材等搭成的晒架。过去，还有压平布料的石碾。现在则多用烘干机、脱水机、熨烫机等机械工具替代手工劳作。（图4-16、图4-17）

（2）白族传统扎染的工艺流程。

步骤一：扎花。扎染图案除一些简单的、已十分熟识的图案之外，扎花之前一般首先要在白布上画或印好相应图样，再根据图案进行扎花。扎花是用手工缝扎布料的工序，即用折、叠、挤、缝、卷、撮等方法在白布上扎出各种花纹图案。扎好的布料缩成一团团、一簇簇的“疙瘩布”。扎花是扎染中第一道关键工序，漏扎、错扎、多扎均会影响图案的成形。没有扎紧的，浸染后图案就不清晰。由于用肉眼很难识别纹样的形制，只有浸染、拆线后才能检验工艺效果，而此时，不管扎得好坏与否都已无法补救，故扎花不仅需要耐心，还需要高超的手艺。（图4-18至图4-21）

图4-16 扎染染料

图4-17 扎染捆扎工艺

图4-18 绘制花稿

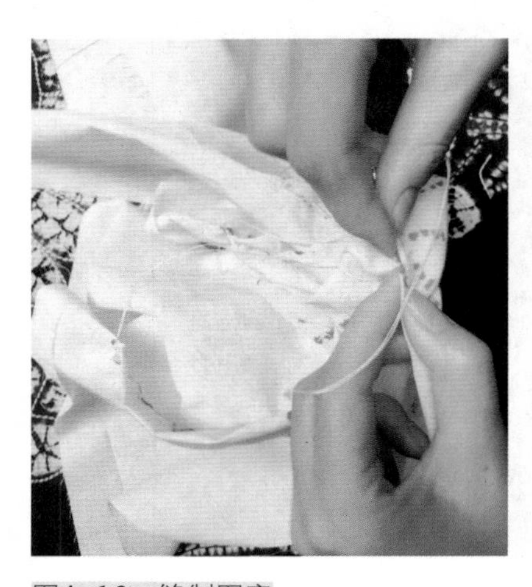
图4-19 缝制图案

图4-20 捆扎纹样

图4-21 完成扎花

图4-22　浸泡布料

图4-24　准备染料

图4-23　甩干布料

图4-25　浸染布料

图4-26　布料滤水

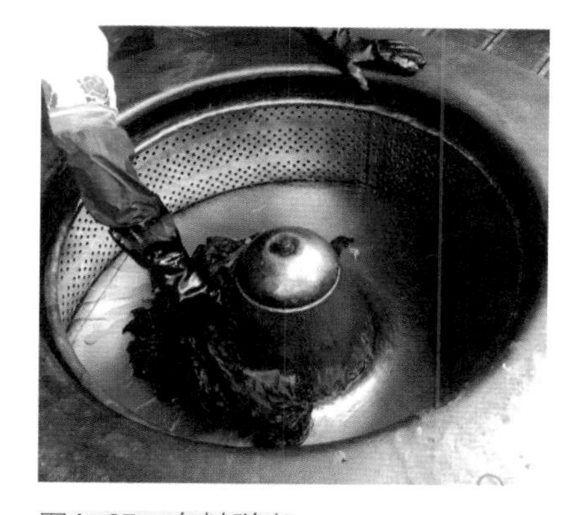
图4-27　布料脱水

步骤二：浸染。染布所需的各种原料，其比例很有讲究，要根据所需布料颜色的深浅程度来配比印染原料。在制作染料时，先在木制的大染缸中放入水，加入一定量的土靛即染料，用染棒将染料调匀，再加入适量的辅料。染料配好后，就可将浸泡过的布拧干放入染缸中浸染。染过一遍后，要滤水、晾晒，然后再一次浸染，根据布料需要的颜色深浅度，反复浸染数次，达到预期效果。（图4-22至图4-25）

步骤三：漂洗、脱水。漂洗就是将浸染后的布料放在水中清洗。漂洗的程度也要因所需布料颜色的深浅而定，漂得过多或漂洗不够都会影响花纹图案的成色。漂洗后的扎染布料要晾干，以前都是自然晾晒，现在基本都用脱水机、烘干机取代人工晾晒了。（图4-26、图4-27）

步骤四：拆线。脱水后，晾晒干后的布料就可以拆线了。拆线就是将扎花时缝、扎过的地方的线拆掉，使图案花纹显现出来。这道工序虽不算复杂，却必须要细心，否则拆破了布料，一块精心准备的扎染布就成废料了。（图4-28、图4-29、图4-30）

（a）

（b）

图4-28　拆除棉线

图4-29　晾晒布料

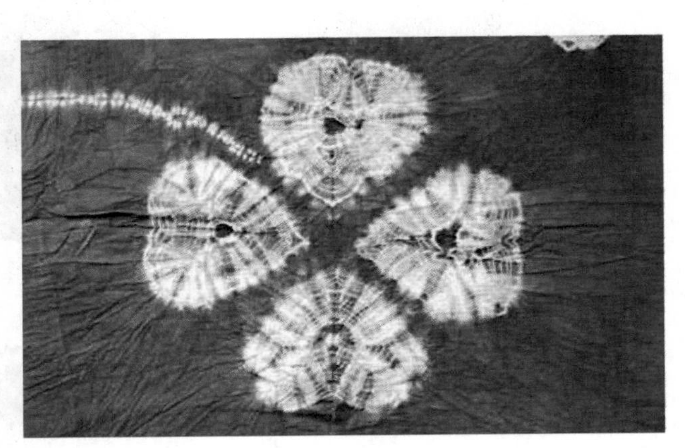

图4-30　扎染作品完成

三、刺绣工艺

刺绣是针线在织物上游走穿梭形成的各种装饰图案的总称。即用针将丝线或其他纤维、纱线以一定图案和色彩在绣料上穿刺，以绣迹构成花纹的图案。它是用针和线把设计思想和制作手法反映在任何存在的织物上的一种艺术形式。

刺绣是中国民间传统手工艺之一，在中国至少有三千多年的历史。刺绣在东方形成体系后，通过贸易交流传到西方，并一度盛行于欧洲皇室贵族的上流社会，欧洲人对于刺绣产品的痴迷也引导了欧洲刺绣工艺的发展。欧洲刺绣与东方刺绣最大的区别在于，东方刺绣善于用各路针法逼真地表现花鸟、人物、风景，主要绣材是丝线。而欧洲人则偏重研究各种刺绣材料，如珍珠、磨细的贝壳、宝石甚至金链子都可以用于刺绣之中，其用线也不拘泥于丝线，缎带、亚麻、棉线、毛线等都是常用的绣材。

1. 法式钩针工艺

法式钩针绣原意为“隐藏式反面刺绣法”。刺绣时，面料正面朝下，用一种名为luneville（吕纳维尔）的钩针，将珠片、水晶等从背面固定在面料上。法式钩针是一种“盲绣”，绣者在刺绣时没办法用眼睛判断，只能通过钩针与手指感觉图案与线条走向，因为那个漂亮的图案其实是成型在布面的底下。但这样的刺绣，背面整洁干净，这也是法式刺绣多用于高级成衣的原因之一。

（1）所需工具：钩针、绣绷、线、亮片、珠等。

（2）法式钩针基础针法制作流程。

（a）起针。

步骤一：下针前仔细校对钩针针尖是否与针杆的螺柄在一条直线上。起针，使钩针保持垂直，从上至下穿刺绣布，钩住布料下方的绣线向上提拉。（图

4-31（a）（b）（c））

步骤二：在线圈提起后，再次垂直穿刺绣布，大拇指顺时针绕线一圈，以钩针上的坐标点为参照，钩针同时顺时针转动一圈，向上提起。（图4-31（d）（e）（f））

步骤三：把线拉起以后，钩针以逆时针方向转半圈向前拉再下针，完成起针。（图4-31（g）（h）（i））

（b）法式钩针基础针法——锁链针法。

步骤一：起针。（图4-32）

步骤二：起针后，钩针从上向下刺入绣布，用左手的食指和拇指捏住线，以顺时针方向转一圈。左手绕线一圈以后，钩针也跟着顺时针转动半圈，然后垂直把线勾住提拉上来。（图4-33）

步骤三：钩针提拉至布面上，顺时针方向转半圈，钩针从上至下刺穿绣布。用食指捏住线，钩针顺时针转半圈，垂直刺入绣布。（图4-34）

步骤四：依次往复，继续下一个锁链针，在缝制过程中需注意开始下一个锁链针法时始终保持螺母和钩针的方向与缝制图形的方向相一致。

步骤五：收针的方法有多种，可以使用向前一

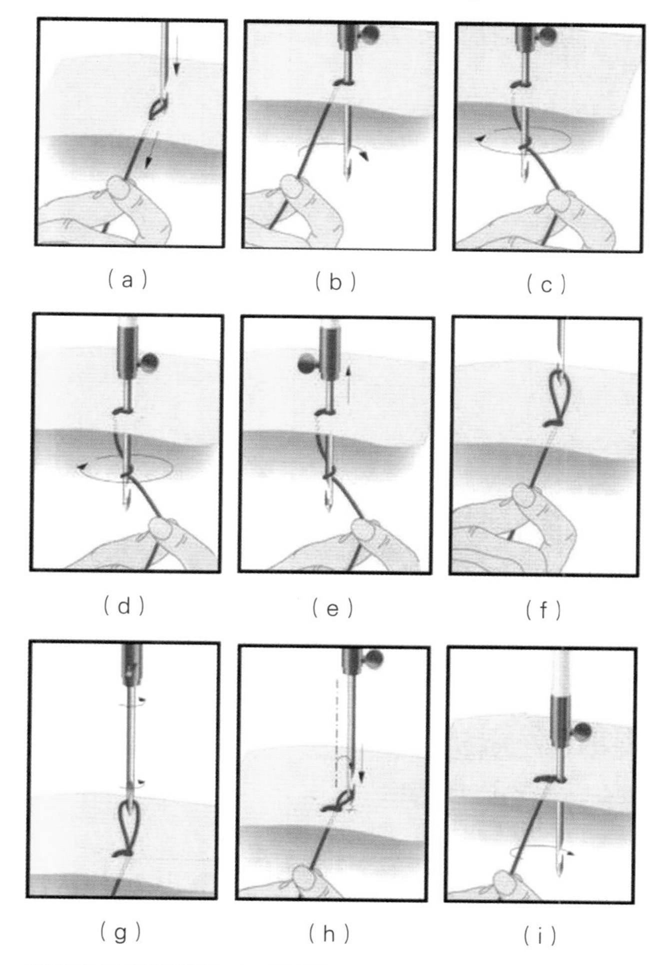

图4-31　法式钩针基础针法起针示意图

图4-32　锁链针法步骤一

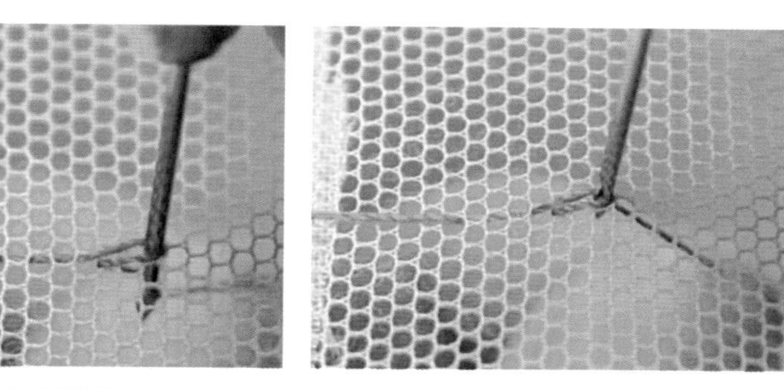

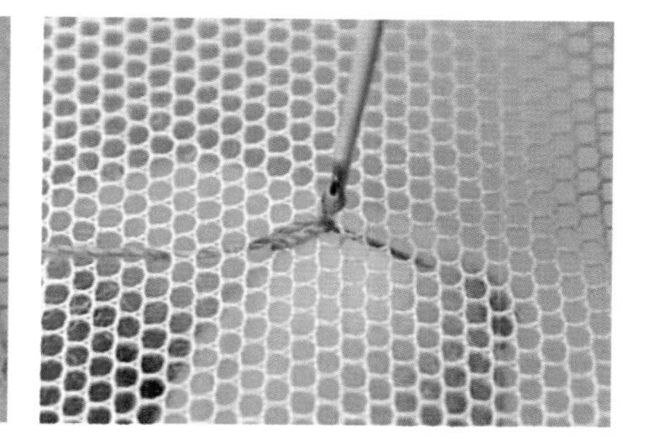

图4-33　锁链针法步骤二

针、向后一针的固定方法，也可以连续走非常密的三针进行收针。

（c）钉珠。

步骤一：首先，把需钉缝的珠子穿进绣线中。钉珠需在绣布的背面进行钉缝。（图4-35（a）（b））

步骤二：钩针向上垂直提拉，用小拇指按住线的一端，起针。固定好绣线后，把珠子挪至手中。（图4-35（c）（d）（e））

步骤三：起针后，用食指送一粒珠子至布背面，食指、拇指捏住绣线顺时针方向绕线一圈，用钩针勾起绣线向上提拉。目测珠子的直径长度调整锁链针的单位长短。（图4-35（f）（g）（h）（i））

（d）钉亮片。

步骤：亮片缝制的步骤与珠子钉缝相同，可以运用同一种技法进行。但需要注意亮片的间隔更灵活，根据设计可以调整亮片之间的间距。（图4-36、图4-37）根

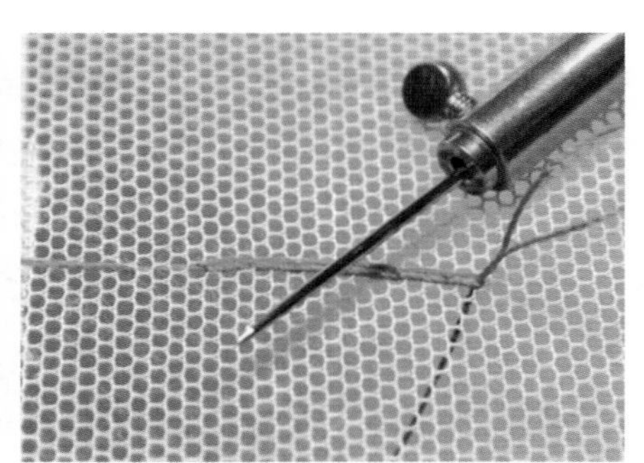

图4-34　锁链针法步骤三

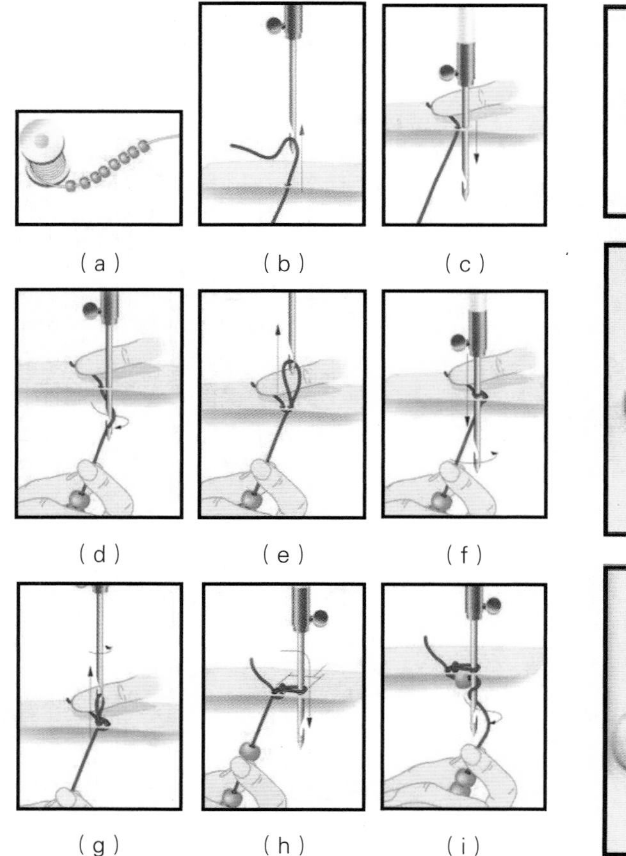

图4-35　法式钩针钉珠示意图

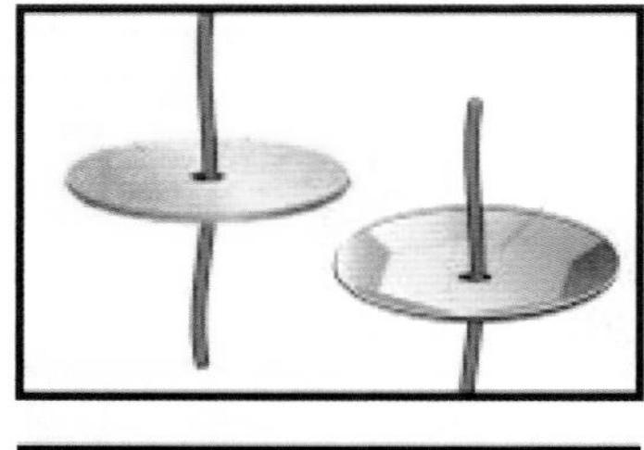

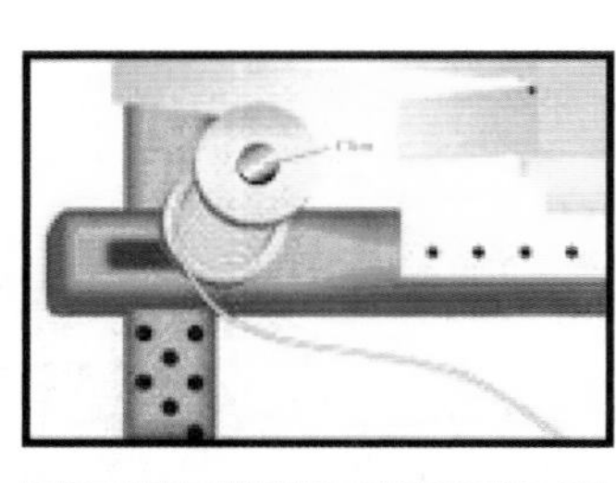

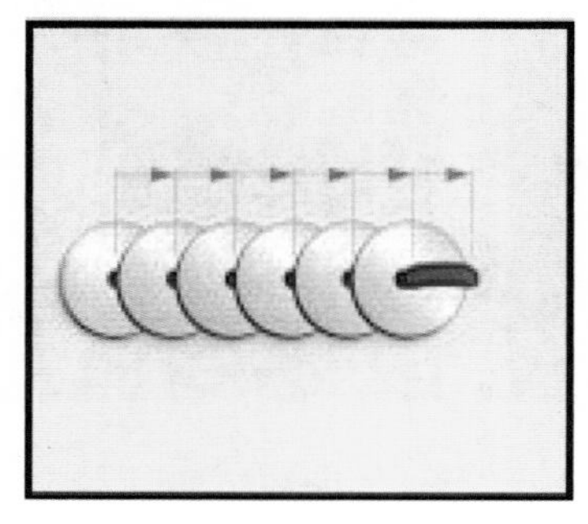

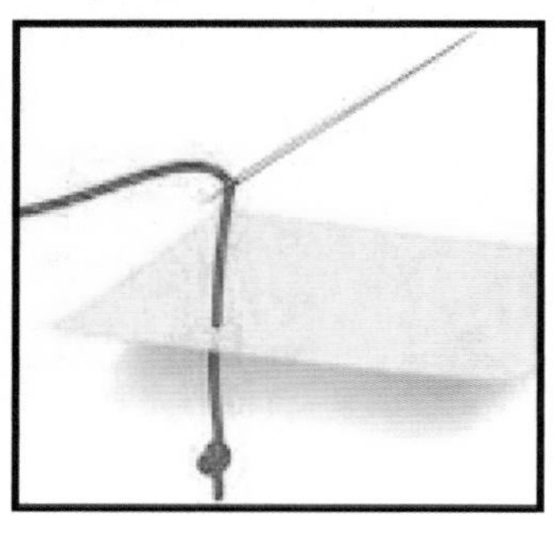

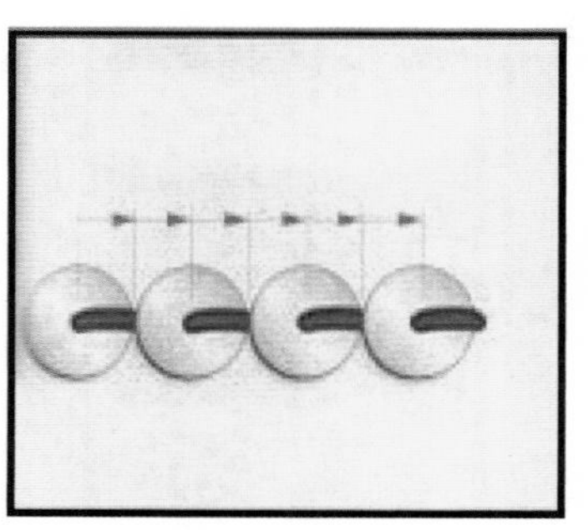

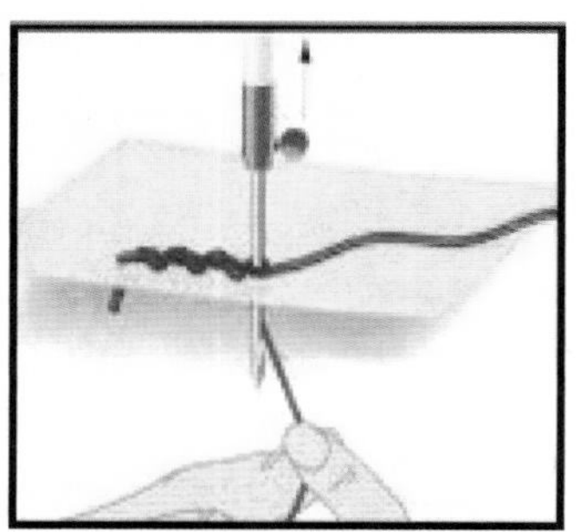

图4-36　法式钩针钉亮片示意图

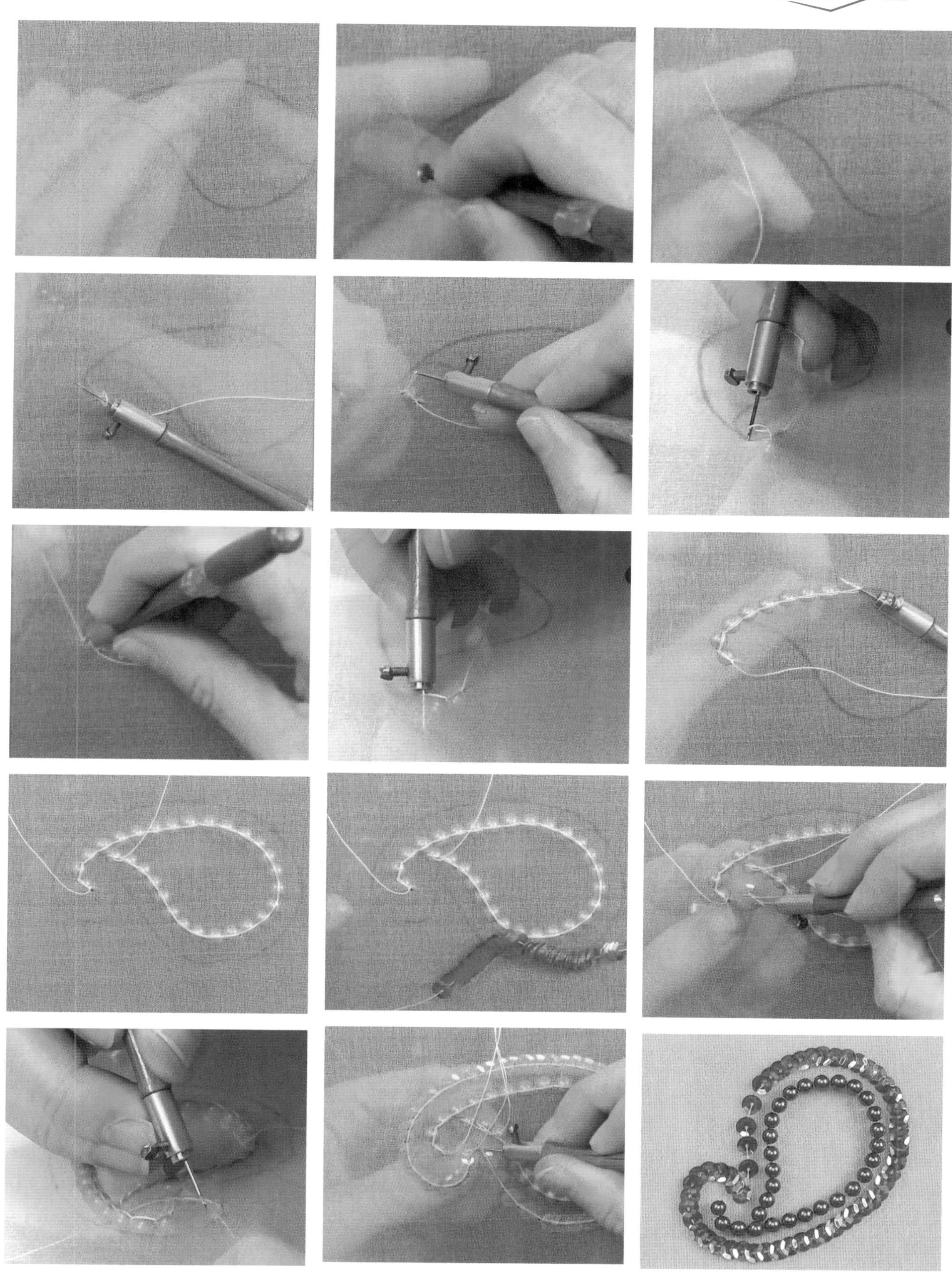

图4-37　法式钩针亮片钉珠技法示范

图4-38 法式钩针作品1（学生作品）

图4-39 法式钩针作品2（学生作品）

图4-40 香奈儿Lasage高级定制设计稿

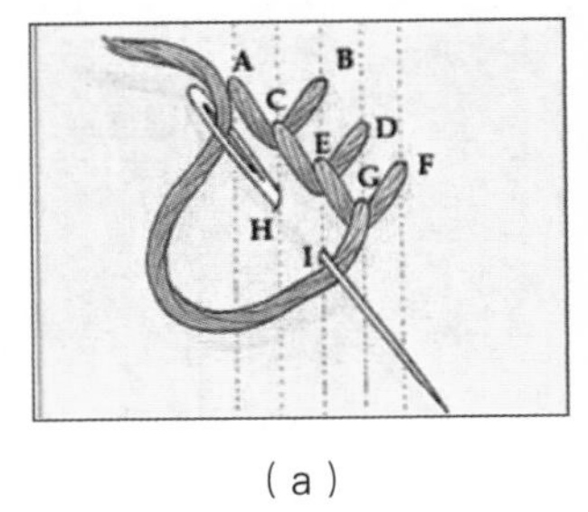

（a）

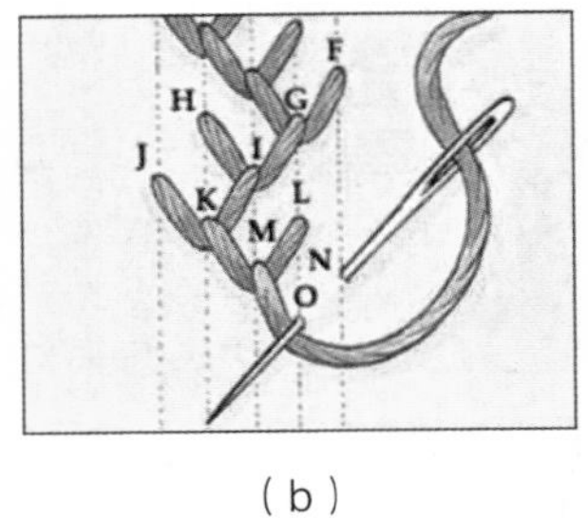

（b）

图4-41 羽状针法工艺图

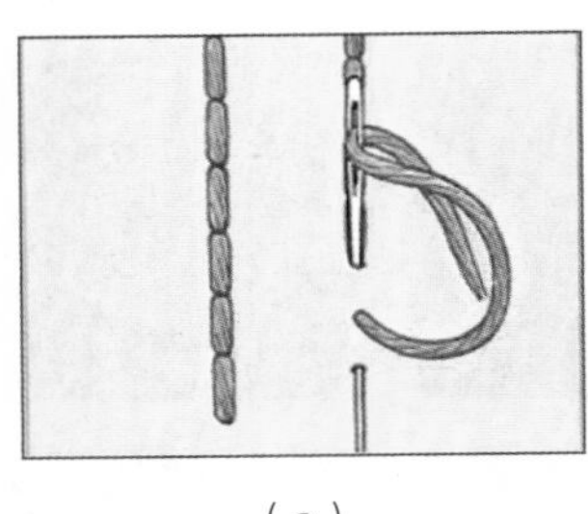
（a）

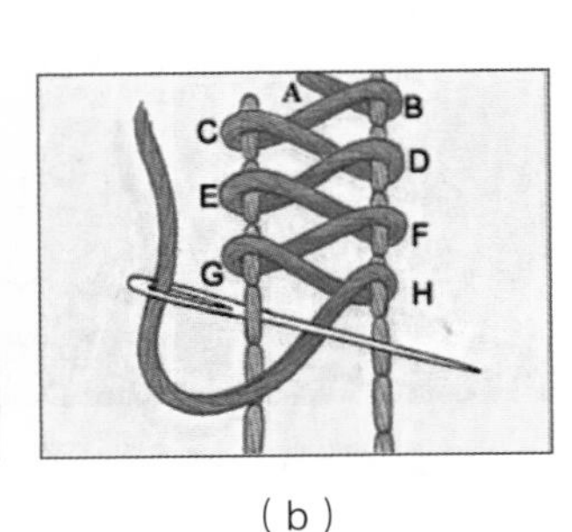

（b）

图4-42 梯状针法工艺图

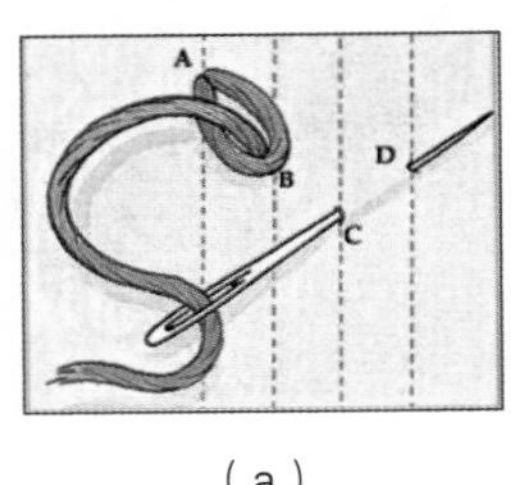

（a）

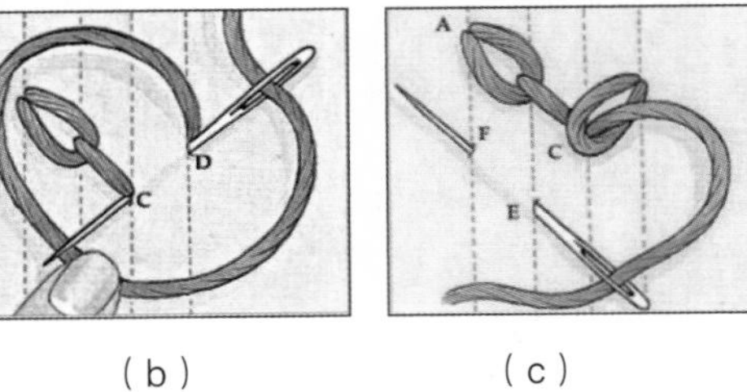
（b）

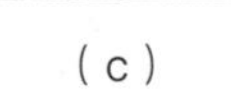
（c）

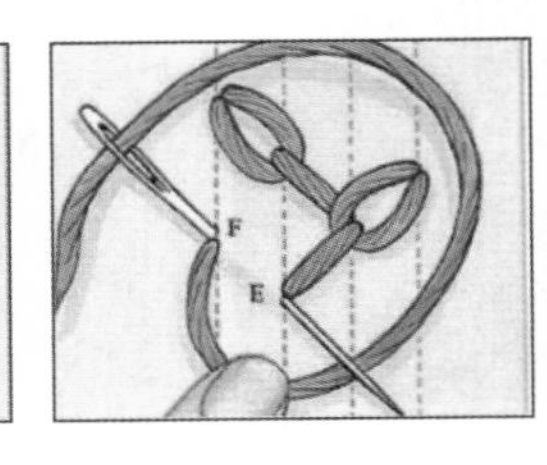
（d）

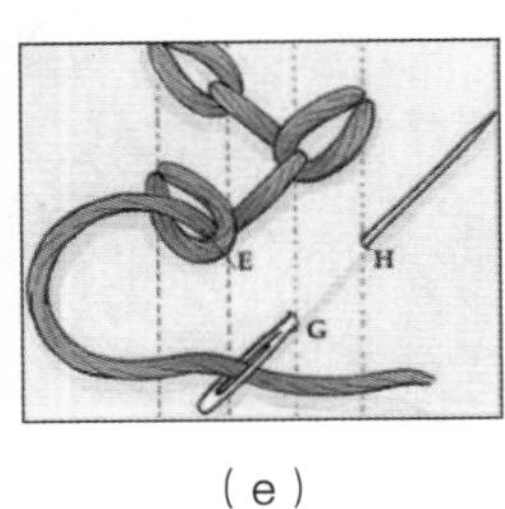

（e）

图4-43 羽状锁链针法工艺图

据此工艺设计的作品欣赏。（图4-38、图4-39、图4-40）

2. 刺绣基础针法工艺

（1）所需工具：铅笔、尺子、手缝针、线、面料。

（2）羽状针法（Feather Stitch）。（图4-41）

步骤一：用铅笔绘制五条间距为0.5cm的平行辅助线。

步骤二：依照工艺图中的字母顺序缝制。从面料背面A点出针隔一行在B点入针。

步骤三：从面料背面C点出针，把AB线段向下拉，从D点入针，依次往复。

（3）梯状针法（Herringbone Stitch）。（图4-42）

步骤一：用铅笔画两条间距为2cm平行的辅助线，用平针针法在两条线上进行线绣。为了后期的绕线针法，左右两条线的针迹需插空进行。

步骤二：依照工艺图中的字母顺序进行缝制。从A点出针从针迹B点穿出，绕圈进入C点，依次往复。

（4）羽状锁链针法（Feathered Chain Stitch）。（图4-43）

步骤一：用铅笔绘制四条间距为0.5cm的平行辅助线。

步骤二：依照工艺图中的字母顺序进行缝制。用针从面料背面A点出针，经B点用拇指按住绕线圈从A点入针。从面料背面找到B点出针，从C点入针。从面料背面找到D点出针，经C点用拇指绕线圈从D点入针。按照工艺图所示，依次往复。

此工艺完成的设计作品赏析。（图4-44至图4-49）

图4-44　羽状针法变形与应用（学生作品）

图4-45　组合针法与图案结合（学生作品）

图4-46　晚秋1（学生作品）

图4-47　晚秋2（学生作品）

图4-48　舞蝶1（学生作品）

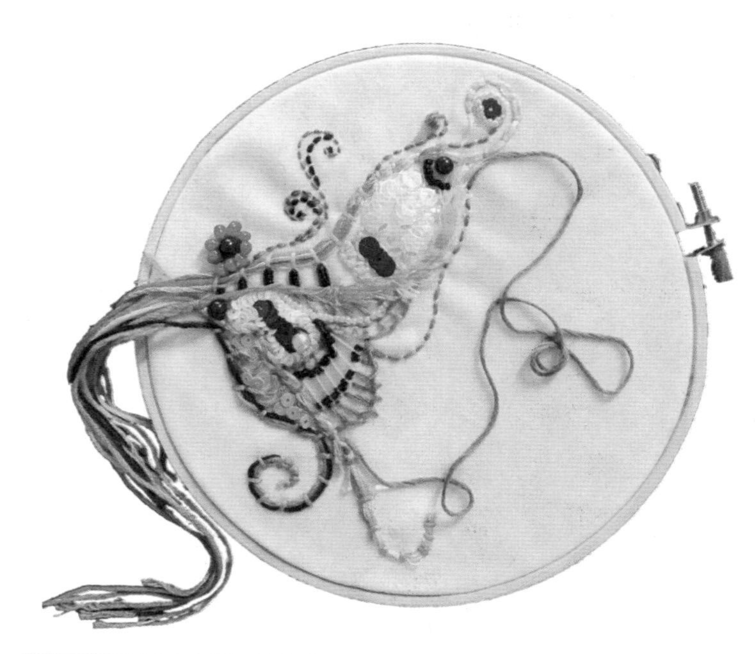
图4-49　舞蝶2（学生作品）

四、毛毡工艺

羊毛作为一种天然的纤维材料，在织物发展的历史长河中拥有其独特的地位。与其他动物毛相比羊毛具有更好的毡化功能。由于毛毡的可塑性被纤维艺术家视为不可多得的材料，这种古老的装饰材料被重新唤醒，并受到越来越多人的青睐。毛毡作为一种简单而粗糙的织物，没有工业时代的雕琢痕迹，它的纹理甚至是纠结的，然而它的简单质朴却深深打动了许多设计师，被大量运用于家居饰品、服装饰品、旅游纪念品的设计中。

1. 毛毡的特性

与传统的纺织材料相比，毛毡属于无纺制品，无经无纬，完全利用毛纤维特有的毡化性，在温度、压力、弱碱性溶液等条件影响下，加之外力反复揉搓，正负鳞片交织毡化而成。毛纤维具有高度的吸湿性，可以充分吸收染料，一旦染色则不易褪色，相对其他材料在色彩的着色持久性上更为稳定。其制作工艺主要运用湿毡法和针毡法，所用制作工具简单、易操作，无论毛料、色彩、工艺、制品的疏密、厚薄及造型，都可由制作者掌控，成型后的毛毡不易变形，具有良好的可塑性和还原性。毛毡在裁剪过程中，边缘不会出现纤维散落的现象，可直接裁剪，在面料处理与服装设计上有更多的创作自由。(图4-50、图4-51)

2. 毛毡的制作工艺流程

利用毛纤维毡化的原理，用戳针反复戳刺，使毛纤维相互摩擦、缠结，达到毡化效果。这种方式多用于局部造型及图案制作上。

(1)材料及工具：毛毡面料、羊毛、泡沫垫、毡化针。

(2)制作过程。

步骤一：根据作品配色方案准备所需的羊毛材料，注意不同色号羊毛的比例以及使用的先后顺序。将备好的羊毛根据设计好的图案铺在绣绷的布料上，用戳针轻戳固定最后覆盖的那层羊毛。一边滚动圆盘边缘一边均匀地进行戳刺动作；不能只戳刺一个地方，否则会变得不平坦。修成大致的圆形后，继续用戳针戳刺圆盘上部和底部，直至成平面状。继续边滚动边戳刺修整边缘弧度，使其更圆滑紧实(图4-52至图4-55)。

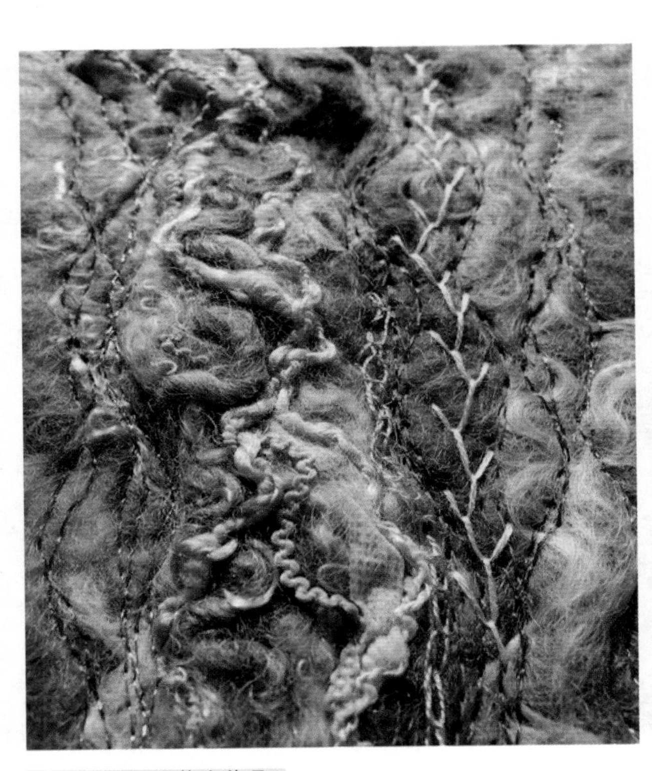

图4-50　毛毡艺术作品1

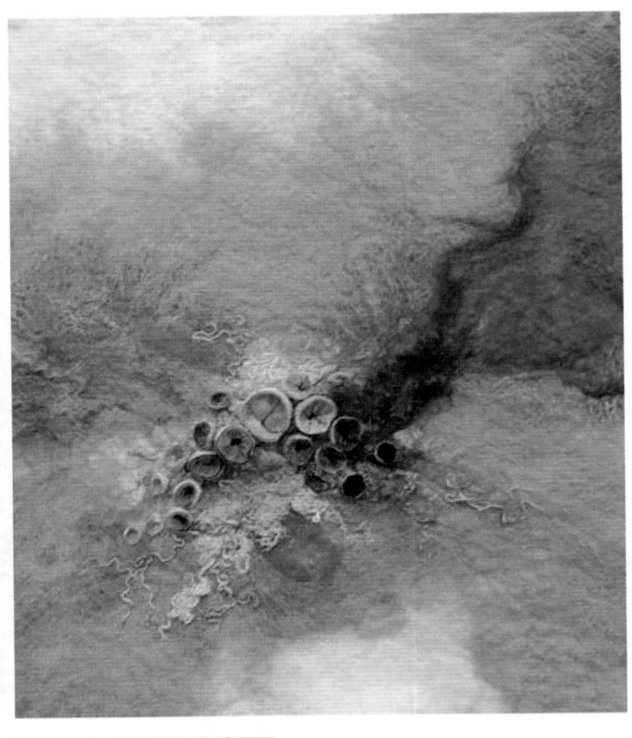

图4-51　毛毡艺术作品2

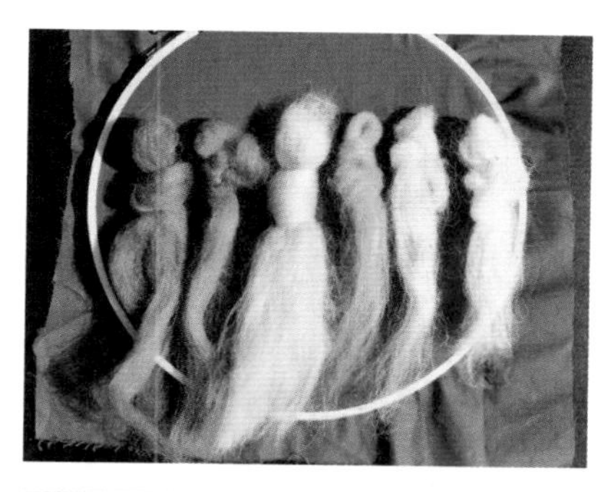
图4-52　准备毛毡材料

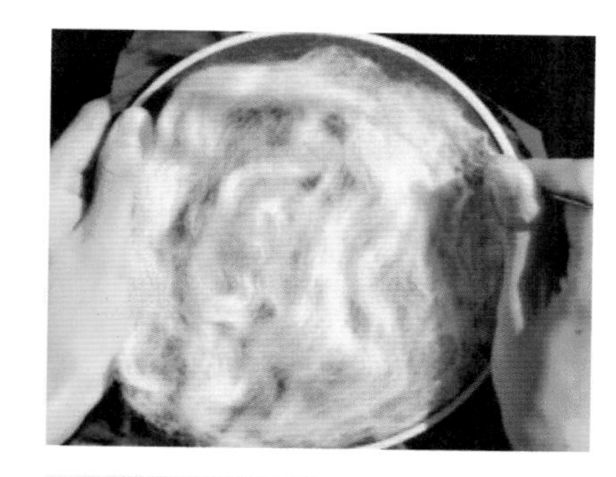
图4-53　戳针铺棉

图4-54　调整铺棉形状

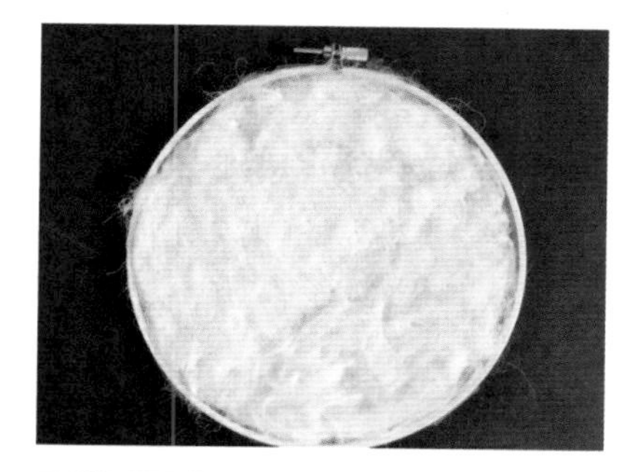
图4-55　完成铺棉

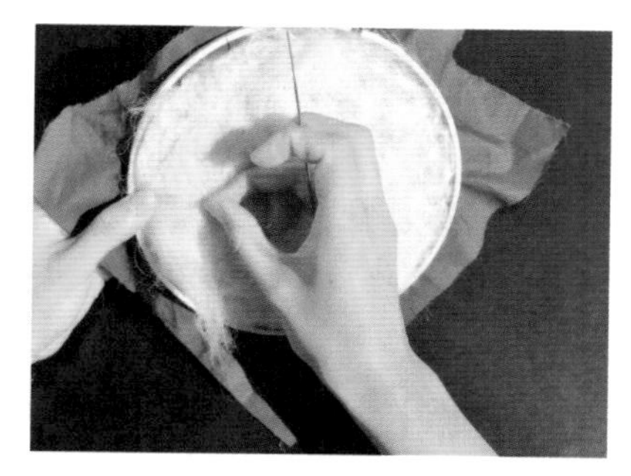
图4-56　平铺橙色羊毛

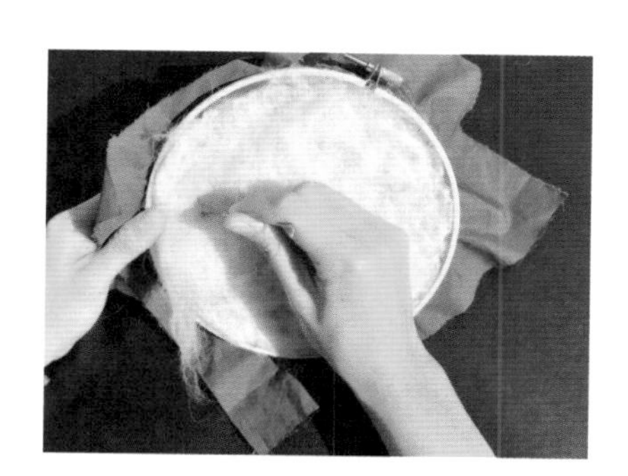
图4-57　戳针固定形状

图4-58　调整羊毛色块面积

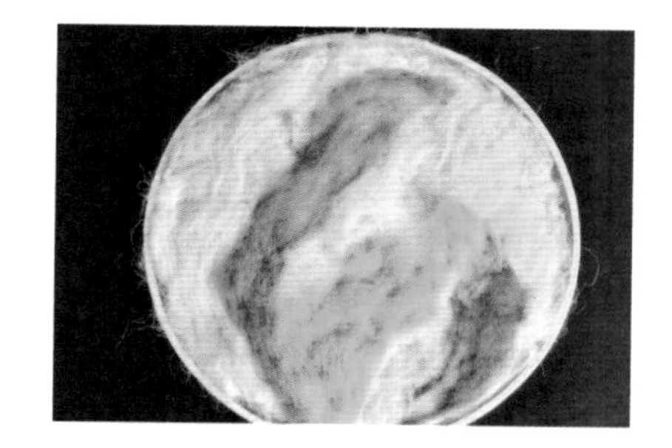
图4-59　固定羊毛色块分布

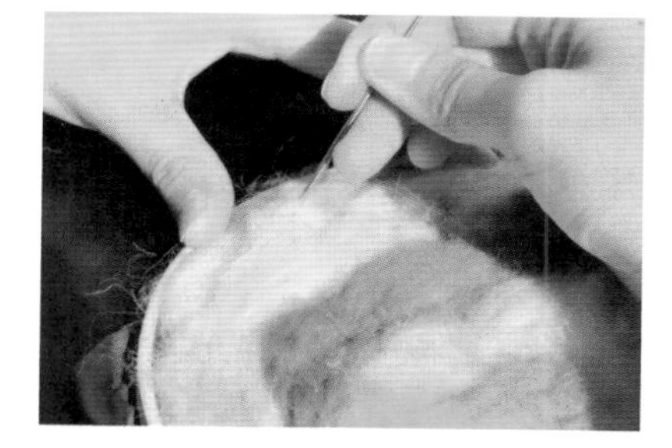
图4-60　拨开毛毡

步骤二：把橙色羊毛平铺于白色羊毛底的圆盘上，将羊毛拉扯至所需形状，用戳针轻戳固定。把不同色彩的羊毛根据设计方案依次平铺于圆盘之上，一边使用戳针轻戳进行固定，一边调整羊毛摆放的形状和位置。（图4-56至图4-59）

步骤三：完成大色块的分布与拼接，一边滚动圆盘边缘一边均匀地进行戳刺动作，使羊毛分布平整，并与基布紧密结合在一起。根据设计方案在已经毡化的毛毡上进行穿戳，用戳针把毛毡一层一层轻轻拨开直至露出底布。然后用戳针将拨开的羊毛重新塑形，使羊毛在毛毡表面形成圆形的洞眼。依照上述方法，根据设计方案依次在毛毡上用戳针穿戳出圆形洞口，注意洞眼的分布、大小以及排列组合关系。完成毛毡的圆洞制作，使毛毡作品形成有凹凸感的半立体造型。（图4-60至图4-63）

步骤四：选一缕羊毛用编绳的手法做线性装饰。在毛毡表面用手缝针把编织好的羊毛固定于毛毡底料上。选一缕羊毛用手缝针缠绕钉缝于毛毡表面，用戳针轻挑羊毛使捆绑好的羊毛呈现蓬松感，形成一个个节点。用手缝针以及配色绣线在毛毡上进行点状装饰，运用刺绣技法中的打籽绣来完成。（图4-64至图4-67）

五、绗缝工艺

绗缝在工艺美术上被称为一种软浮雕艺术，是

图4-61 制作洞眼立体造型

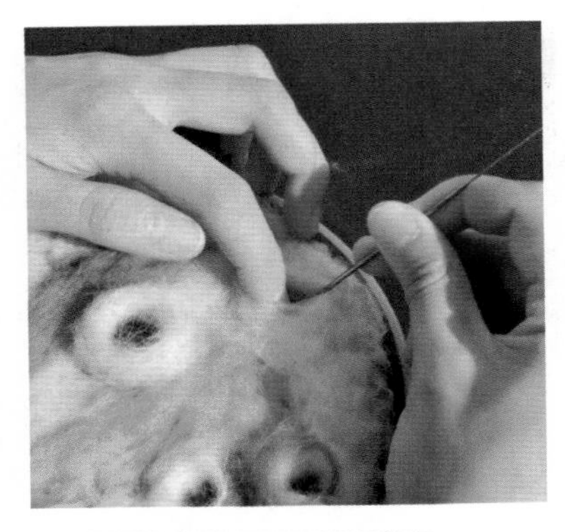

图4-62 调整圆洞造型轮廓

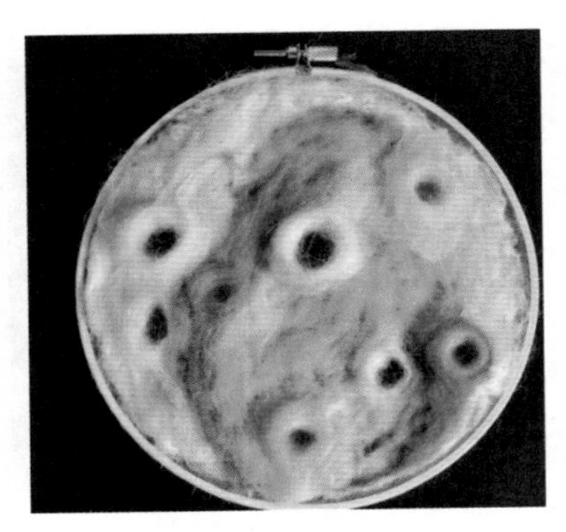

图4-63 完成洞眼立体造型

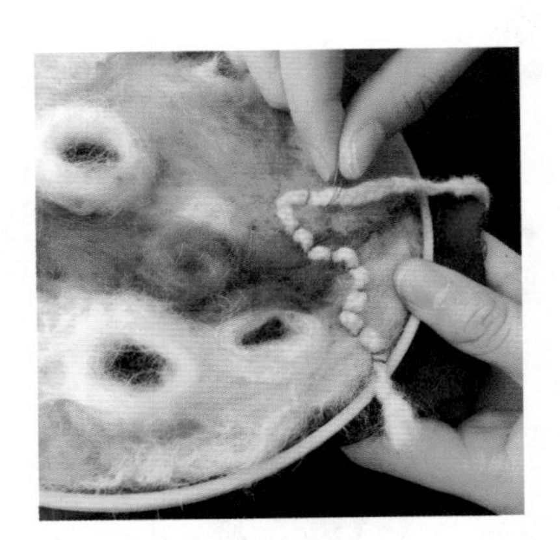

图4-64 彩色羊毛编绳

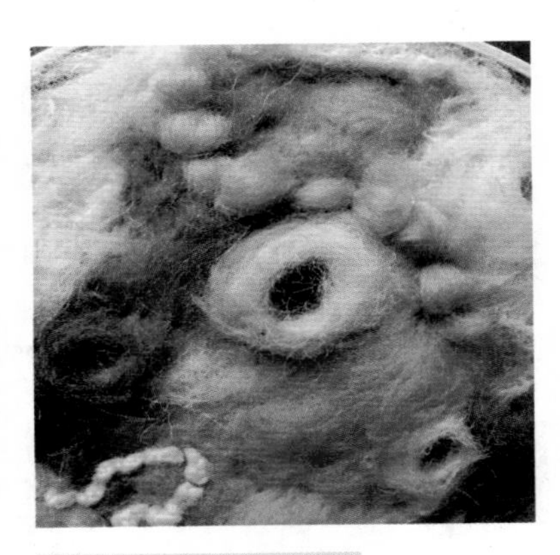

图4-65 盘绕羊毛编绳

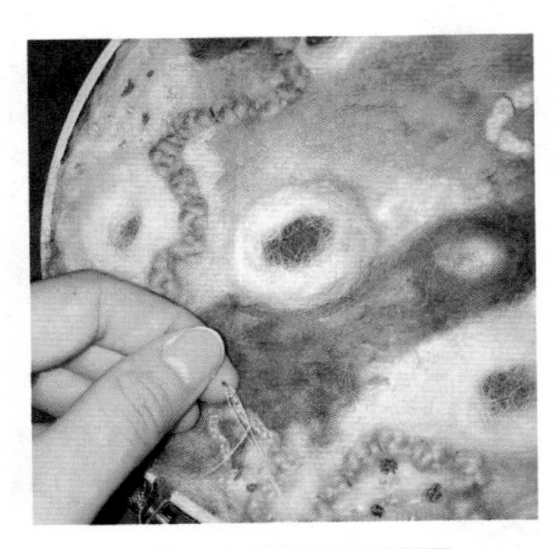

图4-66 点缀打籽刺绣针法

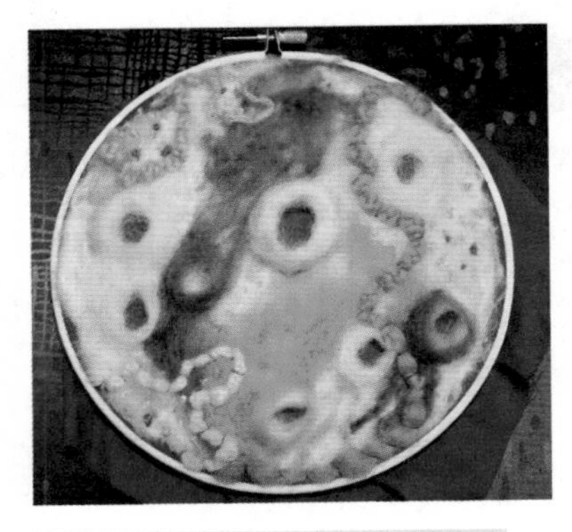

图4-67 完成毛毡创意面料作品

把单独纹样、适合纹样、二方连续、四方连续等纹样从平面图形转换为有凹凸肌理变化的半立体图形。绗缝工艺在广义上可概括为：用缝制、缀挂、拼贴等方式在面布、夹层棉絮与底布上进行固定和装饰的过程。绗缝工艺作为一种传统的手工艺，其发展起源较为模糊，经过长期的发展与改良并经过多种文化的碰撞衍生出了丰富的形态、材质、图案以及创新技法。

1. 绗缝工艺的分类

（1）线式绗缝。

线式绗缝是绗缝工艺中最为常见的一种，它以针法的变化与线迹走向形成丰富的图案与纹样。线迹纹样以自然生物、传统纹样、几何图形等方式呈现。线迹的色彩与底布的色彩可以对比、呼应或一致。（图4-68、图4-69）

（2）贴布绗缝。

贴布绗缝在美式绗缝中占有较为重要的地位。其图案多以自然物、动植物、图腾元素为主，其色彩搭配较为大胆，鲜艳且具有明显的民族性及宗教性特征。贴布绗缝有三种形式，包括正向贴布、逆向贴布以及滚条贴布。正向贴布：在一块底布上利用新的布料进行贴缝，以中心辐射对称式图案居多。逆向贴布：按设计图案在面布上进行剪切，挖空层叠的上层面布逆向做贴布镂空缝，贴着布料的轮廓绗缝上线迹。滚条贴布：滚条进行盘绕，用具有对称结构与对称错叠等方式相呼应，重复绗缝出层次丰富的规律性变化图形。（图4-70、图4-71）

（3）凸面间花绗缝。

在两层以上的织物上进行压线，在压线后的轮廓区进行夹层絮料填充，形成强烈的凹凸浮雕装饰。（图4-72、图4-73）

（4）拼布绗缝。

拼布绗缝的风格丰富多变，其纹样图案源于自然和生物；色彩以鲜艳、素

图4-68　线式绗缝（对比色）

图4-69　线式绗缝（同类色）

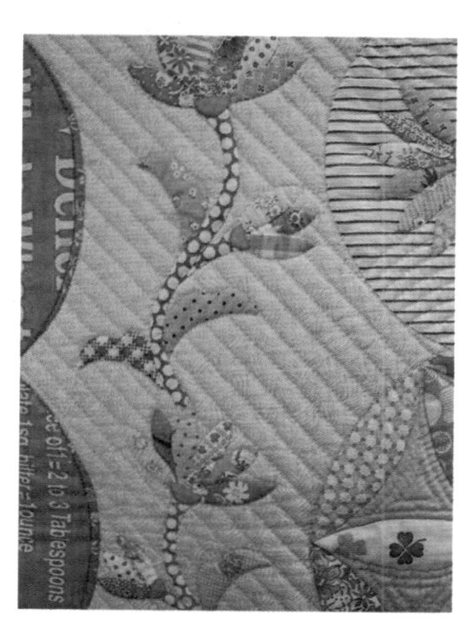

图4-70　逆向贴布绗缝

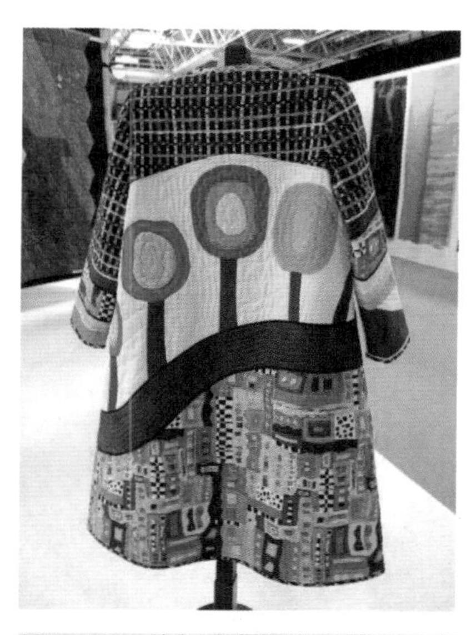

图4-71　逆向贴布绗缝在服装上的应用

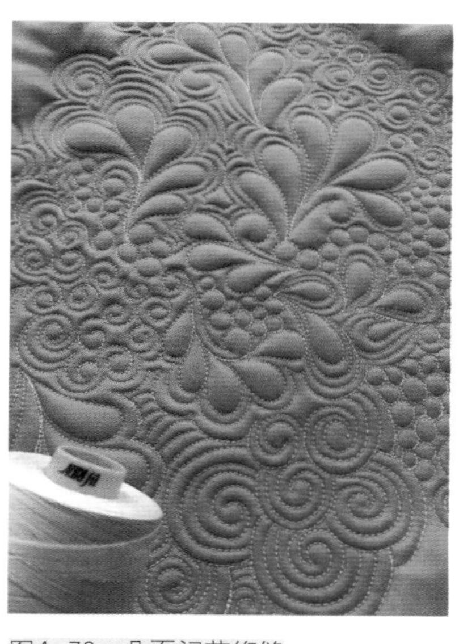

图4-72　凸面间花绗缝

图4-73　凸面间花绗缝在服装上的应用

图4-74　拼布绗缝

图4-75　拼布绗缝在服装上的应用

雅、中间色相混的搭配方法来体现图案的立体感。形状不一的布片组合成具象或抽象的面布，如中国传统的“百衲衣”。（图4-74、图4-75）

2. 绗缝的工艺流程

步骤一：素材准备。

首先，需准备好绗缝所用的素材与工具，如：手缝针、丝线、铅笔、绣绷、底布、棉絮、面布、纹样图纸等。然后，在面布上用铅笔绘制出所需绗缝的纹样图案，为步骤二绗线做准备。接着，在底布上、面布下，均匀地铺上一层絮料，形成三层夹棉的结构。最后，以面布的图案为中心，把三层面料固定在绣绷上。（图4-76至图4-79）

步骤二：绗缝绣制。

准备好绗缝所需的针、线和绣绷，依照表层面布所绘制纹样，使用针线穿刺面布结合平针针法进行绗缝。根据图案的形状以中心向外辐射进行初步绗绣，固定夹絮材料使其均匀地平铺在图案下方，半立体浮雕效果初见雏形。先绗后缝，在已绗定的面料上进行图案的进一步完善，运用线迹、打籽针法进行图案的装饰，形成绗缝独有的凹凸浮雕视觉效果。（图4-80至图4-85）

图4-76　绗缝用具

图4-77　绘制纹样

图4-78　平铺夹棉

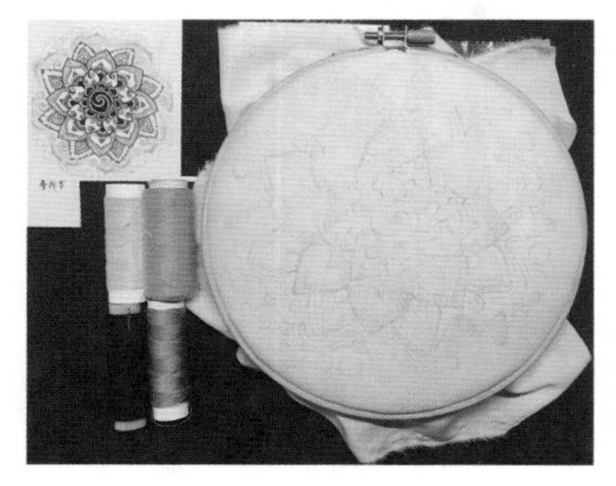
图4-79　贴绗上绷

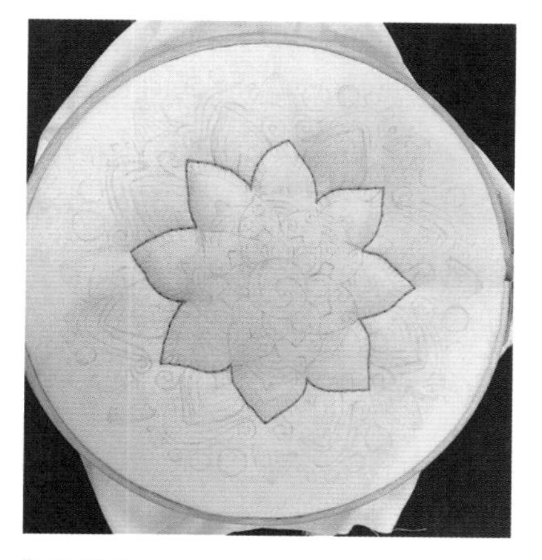
图4-80　绗定面布、絮料、底布

图4-81　绗缝固定多层面料

图4-82　绣绗中心纹样

图4-83　绣绗第二层纹样

图4-84　完成纹样图案

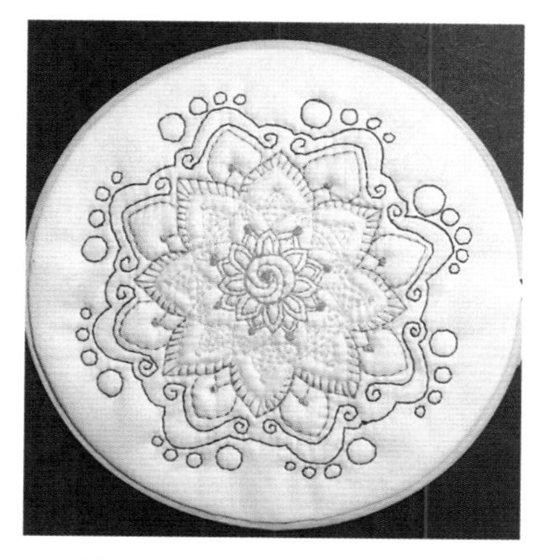
图4-85　点缀打籽刺绣针法

第二节　减法工艺

减法工艺的面料创意设计是指在面料表面减去纱线或去除面料部分体积的技法，包括使用剪花、镂空、激光切割等对面料进行局部或整体的破坏性设计；将面料的经纬纱线抽纱以后进行连缀、形成有镂空的花纹；改变面料表面肌理，用化学手段腐蚀面料，使面料表面产生起球、缩融、变色；对皮革、毛、布、板、塑料等进行切割，产生整齐规律的破坏手法等。

一、抽纱工艺

1. 抽纱的概念

抽纱工艺是一种历史悠久的传统工艺，在西方国家“抽纱”被认为是刺绣中的一种工艺形式，被称为“花边”或“蕾丝”，而在中国普遍被称为“抽纱”。随着时代的发展，人们的审美情趣发生变化，设计师开始对抽纱工艺进行新的研究和探索。

抽纱工艺指的是根据图案组织设计在原始纱线和织物表面抽去数根面料的经纱或纬纱而产生的透明和半透明的视觉效果，或抽去一个方向的纱线使之形成流苏感造型。面料的经纬纱线有同色和异色之分，在面料进行抽纱处理后会形成虚实相间的视觉效果或是产生色彩相间的感觉。抽纱面料在服装设计的应用中能产生虚实关系，隐约叠透出肤色和其他服装色彩，产生丰富的视觉层次感。抽纱工艺选料一般多采用平纹布、棉布、亚麻布、牛仔面料、刺绣布等。抽纱的形状不是一成不变的，抽出的纱的数量也不是固定的，可以根据设计的需要而定。（图4–86、图4–87）

2. 抽纱工艺制作流程

（1）所需工具：亚麻布、牛仔面料、针、线、镊子、剪刀。

（2）亚麻面料抽纱工艺。

步骤一：确定抽纱范围，用线迹固定经纬纱线。用剪刀剪断需要抽除的纱线，用镊子把纱线抽除。抽出纱线后，面料形成半透明的虚实感。（图4–88至图4–91）

步骤二：准备针线，按纹样进行绣缝。从A点入针数四根纱线进行打结至B点出针。手缝针回至C点入针，绕线圈至D点出针，将四根纱线进行绑结。从E点出针，回至F点；接着由G点入针，H 点出针；I点入针，由J点出针；L点入针，M点出针。其中，B、D、F、H、J、M可视为同一点。（图4–92）

步骤三：以对称的结构完成单元图形，进行循环操作完成花边图形。（图4–93、4–94）

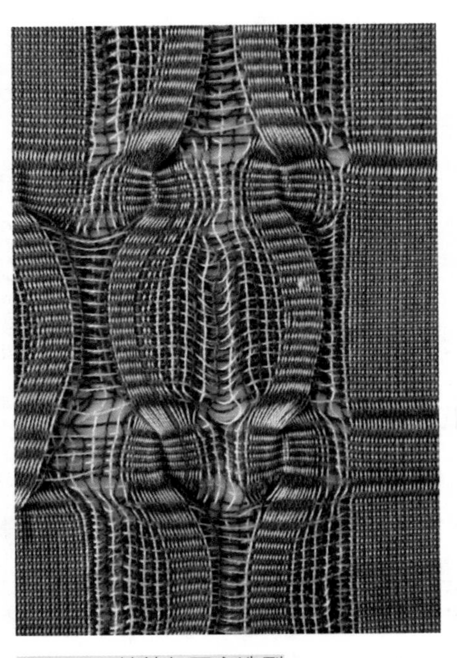
图4–86　抽纱与图案造型

图4–87　抽纱与流苏造型

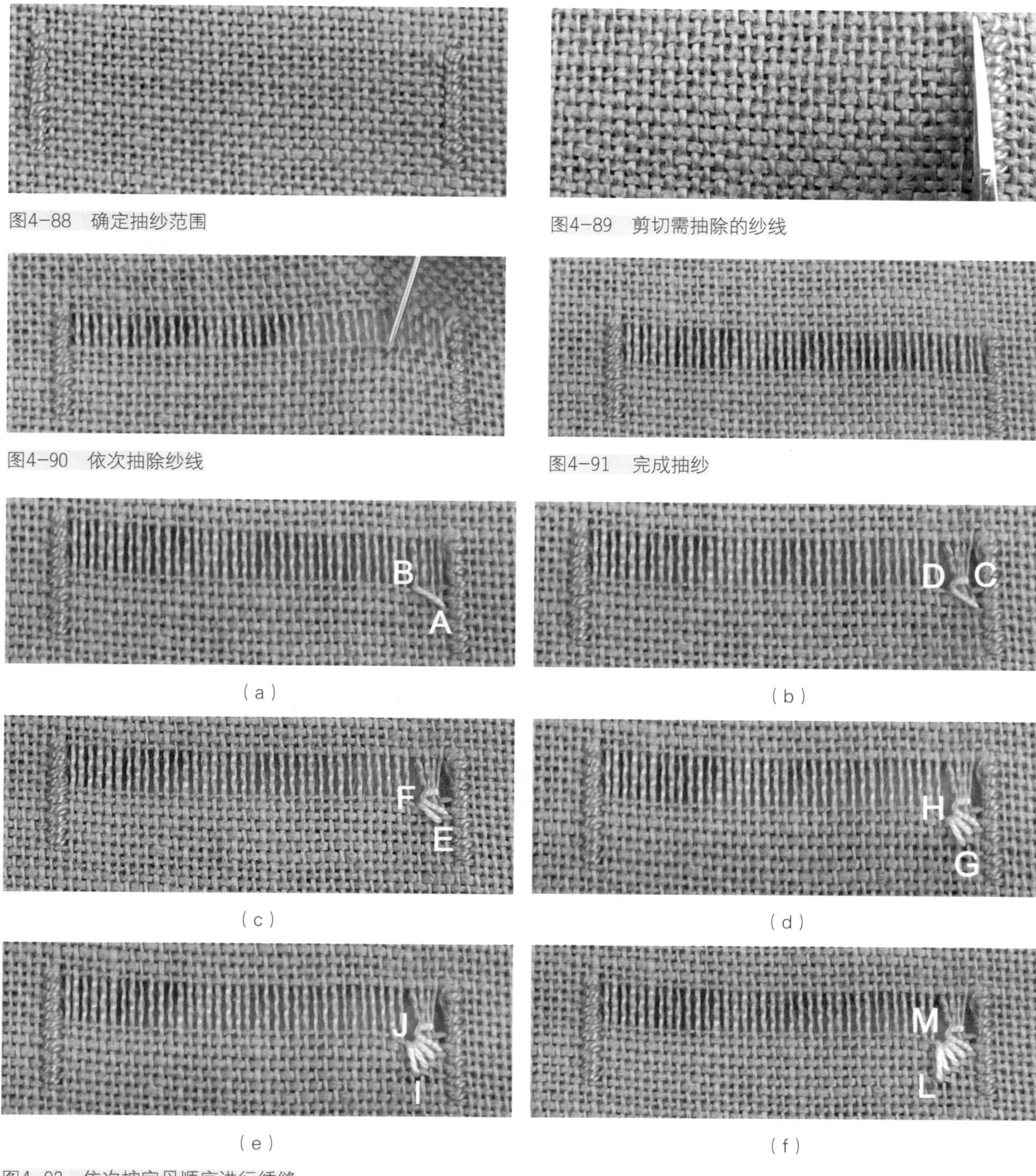

图4-88　确定抽纱范围

图4-89　剪切需抽除的纱线

图4-90　依次抽除纱线

图4-91　完成抽纱

（a）（b）（c）（d）（e）（f）

图4-92　依次按字母顺序进行绣缝

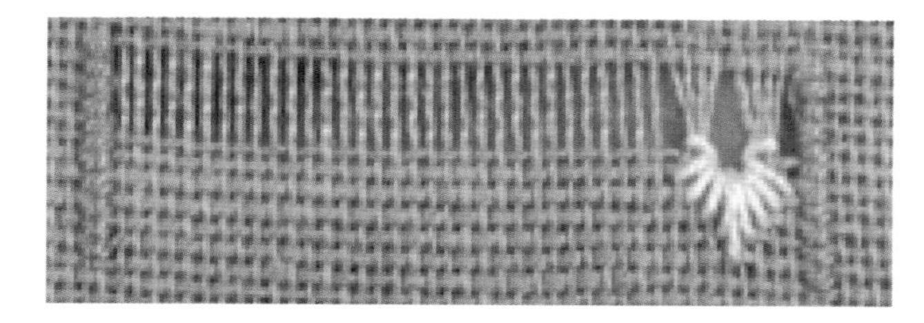

图4-93　完成单元图形

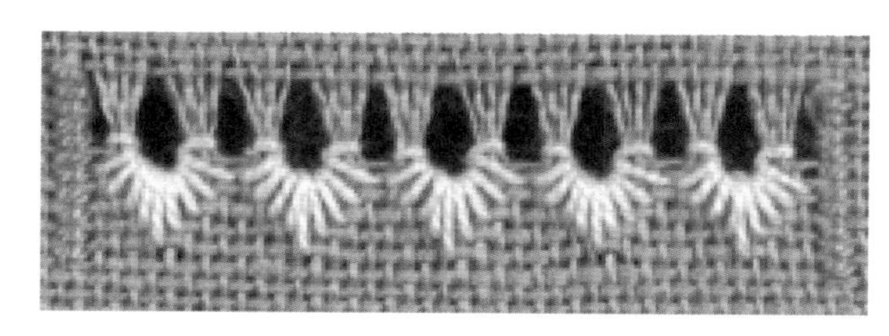

图4-94　循环操作单元图形

据此工艺设计的作品赏析。（图4-95至图4-98）

图4-95 抽纱与图案造型（学生作品）

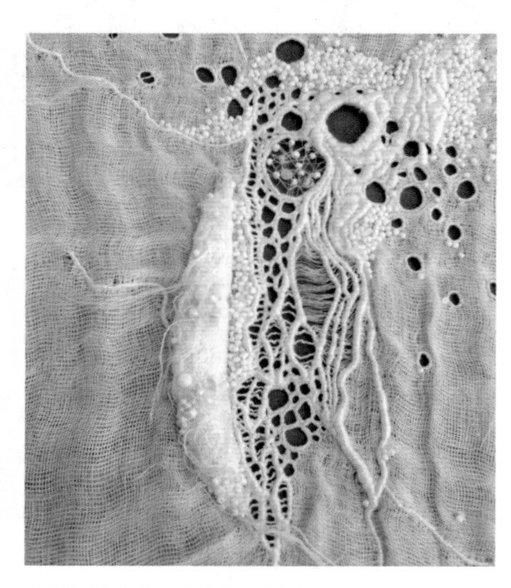
图4-96 抽纱与图案变形（学生作品）

图4-97 抽纱与编结（学生作品）

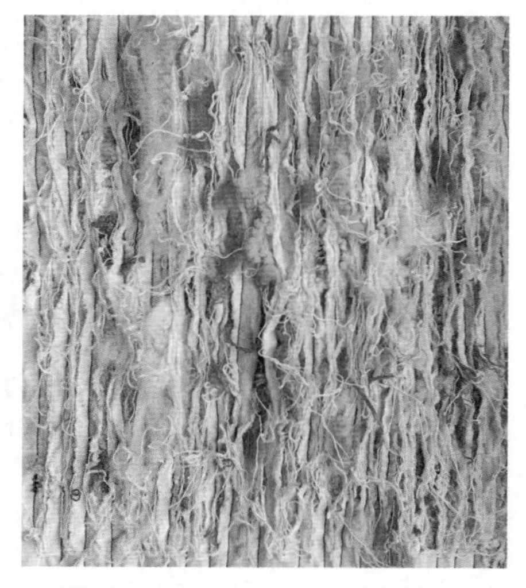
图4-98 抽纱与须边（学生作品）

（3）牛仔面料的抽纱工艺。

步骤一：准备抽纱工具，在牛仔面料上把需进行抽纱工艺的位置用剪口形式标注出来。（图4-99、图4-100）

步骤二：用针在需抽纱的区域挑起其中一根纱线，用镊子进行纱线抽除。（图4-101、图4-102）

步骤三：沿着已拆除的纱线，依次往复按顺序拆除需抽纱的纱线，抽纱的数量可由自己把控。（图4-103、图4-104）

步骤四：按照标注的抽纱区域进行抽纱，形成具有破坏美感的斑驳肌理。（图4-105）

据此工艺设计的作品赏析。（图4-106、图4-107）

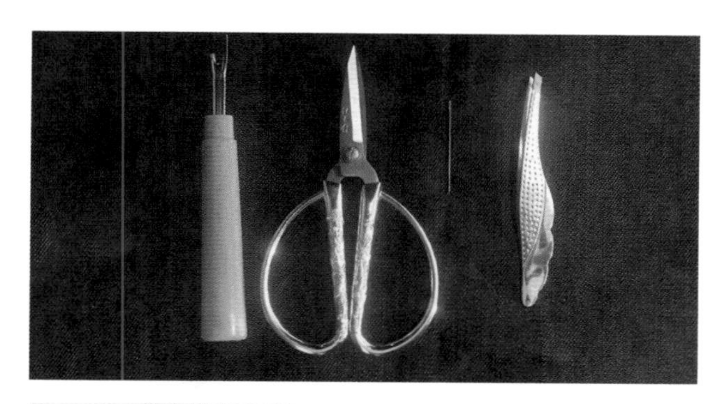
图4-99　准备抽纱工具

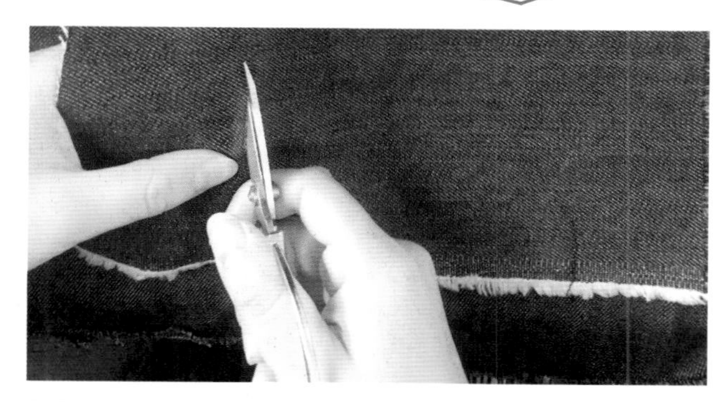
图4-100　打剪口确定抽纱范围

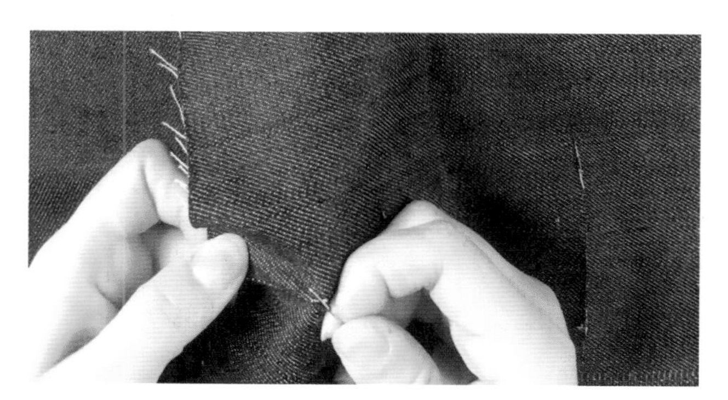
图4-101　挑出需去除的纱线

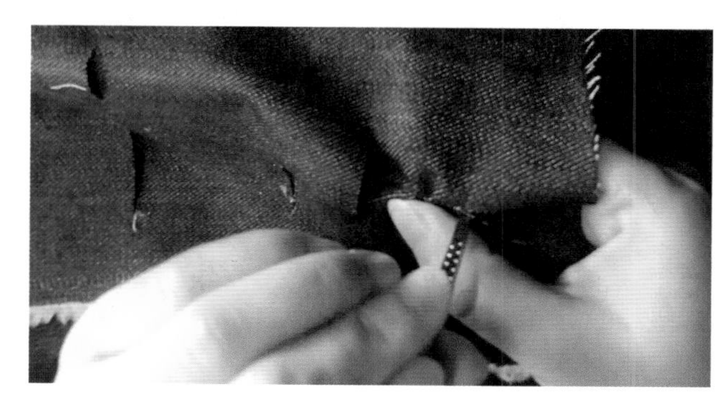
图4-102　抽除需去除的纱线

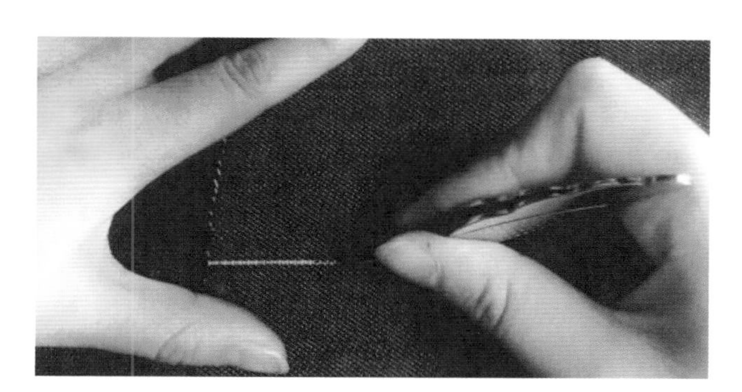
图4-103　依次除去纱线

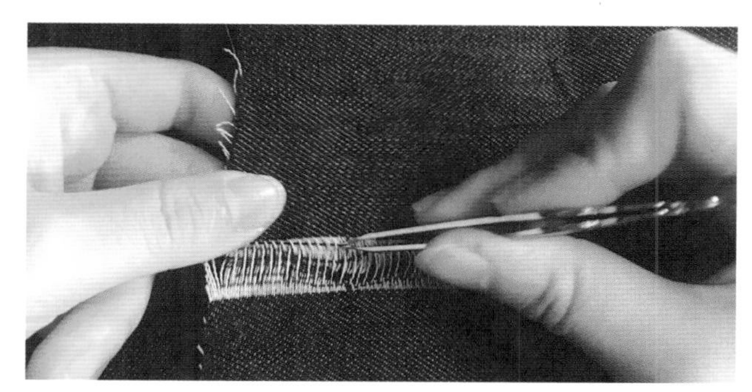
图4-104　调整剩余纱线位置

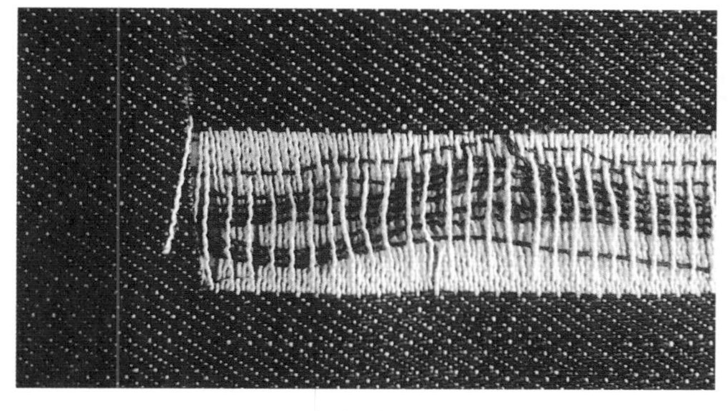
（a）

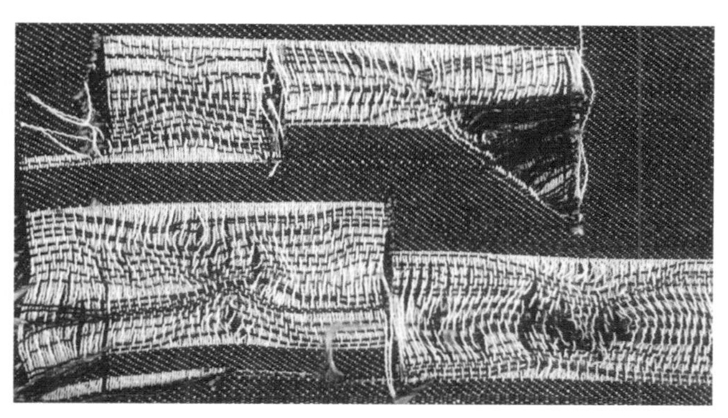
（b）

图4-105　完成抽纱的面料小样

图4-106　抽纱形成的牛仔面料斑驳肌理

图4-107　抽纱创意设计的牛仔面料服装

二、剪纸与切割工艺

1. 剪纸工艺的概念

剪纸工艺是一种传统的平面造型艺术，常被广泛运用于服饰、产品、包装等设计领域中。由于剪纸工艺具有丰富多变、繁而有序的特征，经常成为各类设计师的设计灵感来源。剪纸元素在服装设计运用中要达到较为理想的效果，需在面料与材质上进行精心的挑选。所以设计师在选择面料时应考虑剪纸图案与所选择的服装面料、服装结构造型、服装风格是否结合得相得益彰。在剪纸元素的运用中，服装面料可以选择不容易抽丝、有稳定造型效果的各类厚型呢绒和纺缝织物；也可选择有光泽感、结构紧实的缎纹结构织物或是便于切割、不易须边的皮革材质。

随着科技的发展，伴随着数码印花、激光切割、3D打印等新技术的革新，设计师们把服装设计与剪纸艺术巧妙地结合，不但传承了中国传统艺术文化，还体现了现代设计的新理念，创造出独具匠心的设计作品。（图4-108、图4-109）

2. 剪纸与切割工艺应用

（1）图案镂刻。

从传统技法来看，剪纸就是在纸上进行镂空剪刻，在二维空间呈现出所需表现的图形纹样。在服装设计中，剪纸工艺的载体虽发生了变化，但是其艺术表现形式和设计手法是一致的，设计师根据服装的风格类型在剪裁好的面料上设计有镂空剪纸效果的图案纹样，并与其他面料缝合成一件件服装。在制作过程中，剪纸图案可局部点缀也可整体造型，镂空的虚实感不仅产生了层次变化，细腻的图案还赋予了服装新的寓意和内涵。

图案镂刻工艺运用于服装设计时由于会产生抽纱、须边等缺点或者操作程序较为复杂，在大批量生产中会受到诸多限制。随着科技发展，近年来激光切割技术运用于剪纸图案中是一种潮流。这种方法是将设计图案输入电脑，对材料进行激光加工，然后实现切割或镂空的技术效果。激光切割适用的面料较为广泛，如雪纺、棉布、皮革以及太空棉等。这些面料进行切割后图案没有毛边，易出效果。在许多服装设计品牌中，设计师开始不再拘泥于传统制作方式，而将剪纸图案采用激光切割技术在面料上进行镂刻创新，结合不同的材质以及服装的色彩、结构造型以及其他形式的面料创新技法，创造着新颖别致的视觉艺术作品。（图4-110至图4-113）

（2）几何切割。

除镂刻雕花外，几何切割工艺也是近年来流行和提升服装设计质感的一种手法，这种手法能让几何图案在原有的服装上增加细节设计。同时也可以用切割机器切割图形之后在服装原廓形的基础上进行叠加，并结合折、叠、拼、编等手法进行组合运用以扩展服装体积，从而达到更立体的视觉效果。（图4-114、）几何切割工艺在皮革面料以及裘皮材质上运用尤为广泛（图4-115），因此切割工艺不仅适用于服装设计，在服饰品如包饰、手套、鞋等配饰中也开始尝试运用这种新工艺为产品注入新的血液。（图4-116）

图4-108　传统剪纸图案镂刻

图4-109　创意剪纸图案镂刻

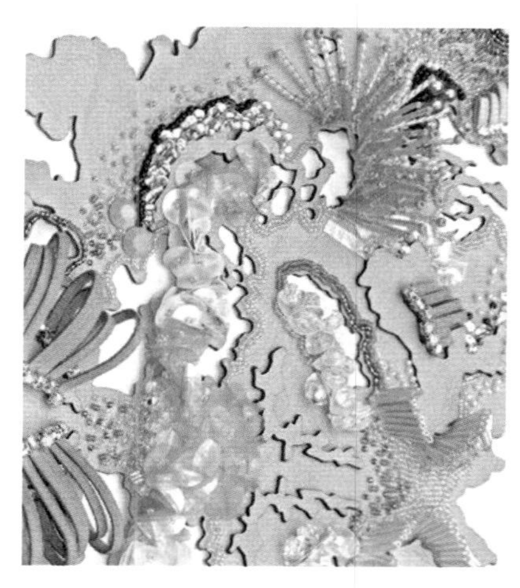
图4-110　镂刻与刺绣工艺的结合

图4-111　镂刻与折叠工艺的结合

图4-112　镂刻图案与蕾丝的拼合

图4-113　镂刻图案的叠加拼合

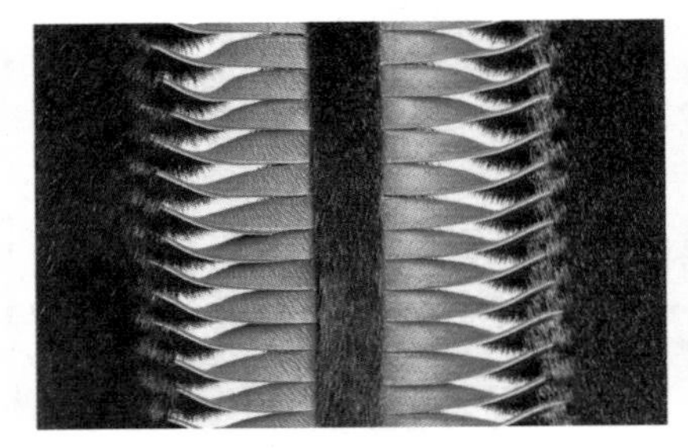

（a）

（b）

图4-114　皮革激光切条工艺

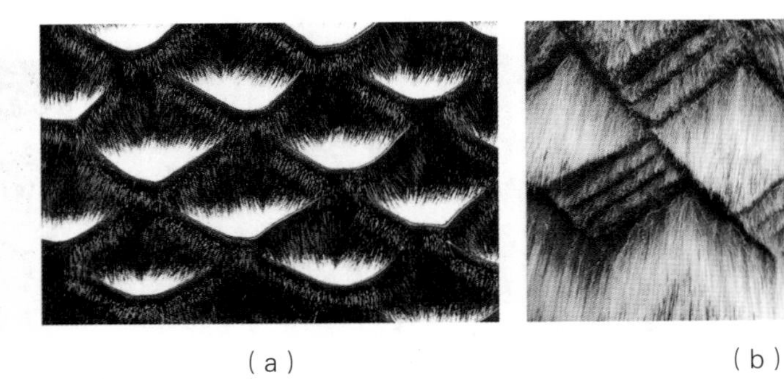

（a）　（b）

图4-115　裘皮几何图案切割

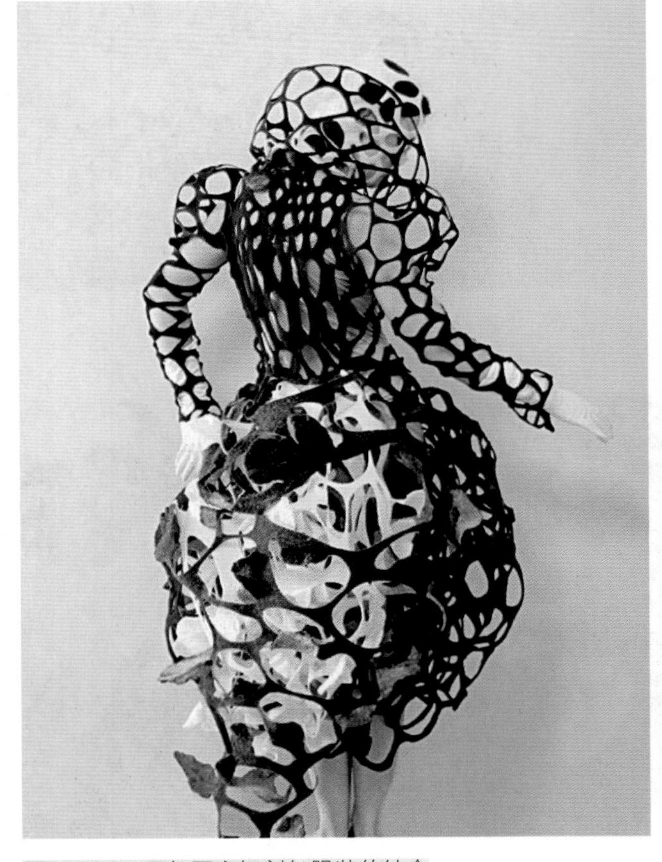

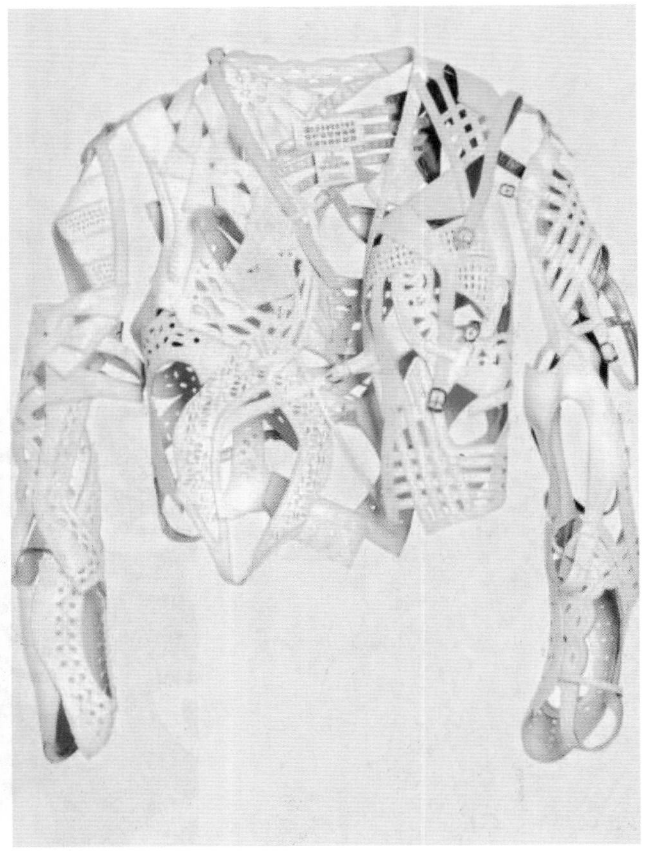

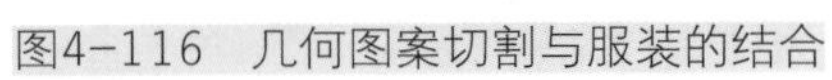

图4-116　几何图案切割与服装的结合

第三节　立体造型工艺

一、抽缩工艺

抽缩工艺是一种传统的手工装饰技法，在一些介绍装饰工艺技法的书上又称为面料浮雕造型，其做法是按照一定规律把平整的面料整体或局部进行手工针缝，再把线抽缩起来，整理后面料表面形成一种有规律的立体褶皱。

抽缩法所使用的材料以丝绒、天鹅绒、涤纶长丝织物为宜，这些织物的折光性较好且有厚实感，可形成立体感强的褶皱。由于抽缩工艺会导致面料面积变小，抽缩的布料长度根据布料的厚薄程度可定为最终成型长度的2~3倍，如薄型面料可取成型长度的2~2.5倍，厚型面料可取成型长度的2.5~3倍，个别的特殊的面料可达到3倍以上。

1. 基础抽缩工艺制作流程

步骤一：将面料熨烫平整，按照所需肌理面积来设计面料大小。在面料反面按所需肌理大小绘制格子。

步骤二：绘制设计肌理，按照针法图形在面料背面标记针点位置。

步骤三：制作肌理，用针线将预先画好的点连接并抽缩在一起。

步骤四：整理肌理效果，调整面料肌理造型使纹理清晰，平整。

2. 基础抽缩工艺技法介绍

（1）网状编结工艺技法。

步骤一：熨烫面料，以1cm×1cm的正方形绘制单元格。（图4-117、图4-118）

步骤二：用针线以A1-A2，B1-B2……的顺序抽缝，打结。为了使肌理背面看上去更整洁，所使用的缝线的颜色最好与面料色彩相近为宜。（图4-119）

步骤三：整理面料肌理图形，使得肌理达到预期设计效果。（图4-120、图4-121）

步骤四：把整理好的肌理图案运用于服装的局部造型。（图4-122）

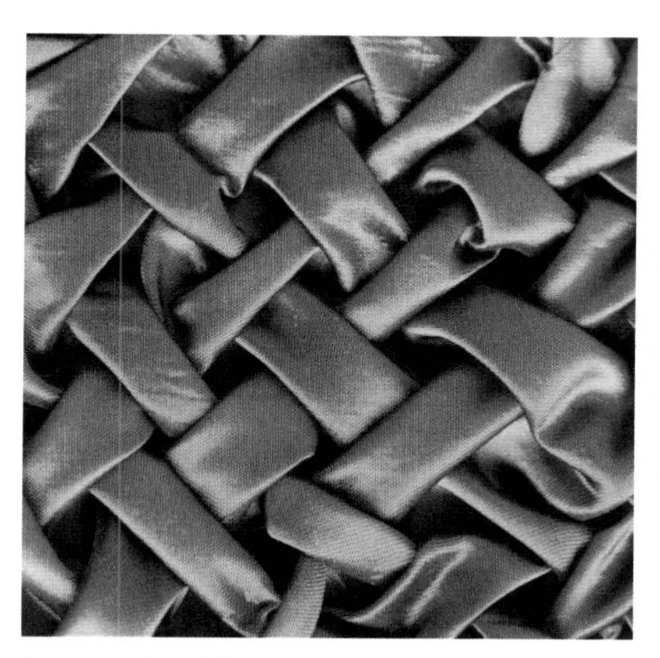

图4-117　网状编结设计效果图

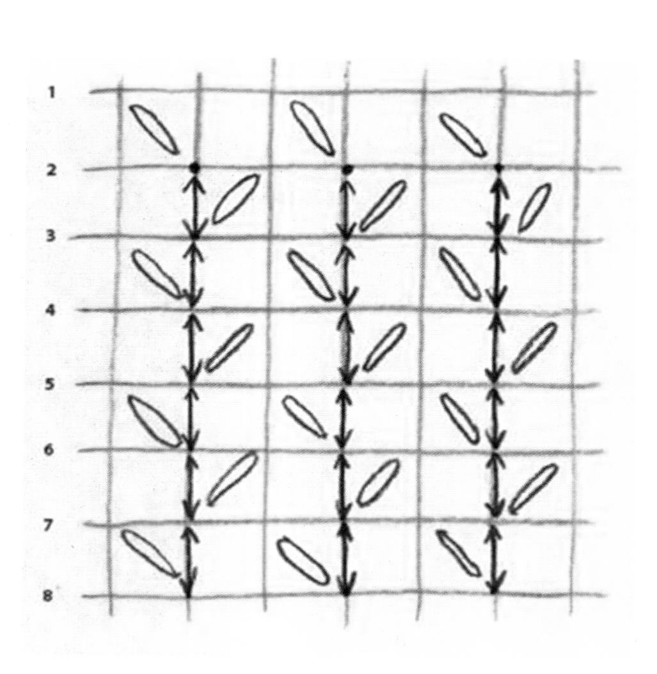

图4-118　网状编结针法图

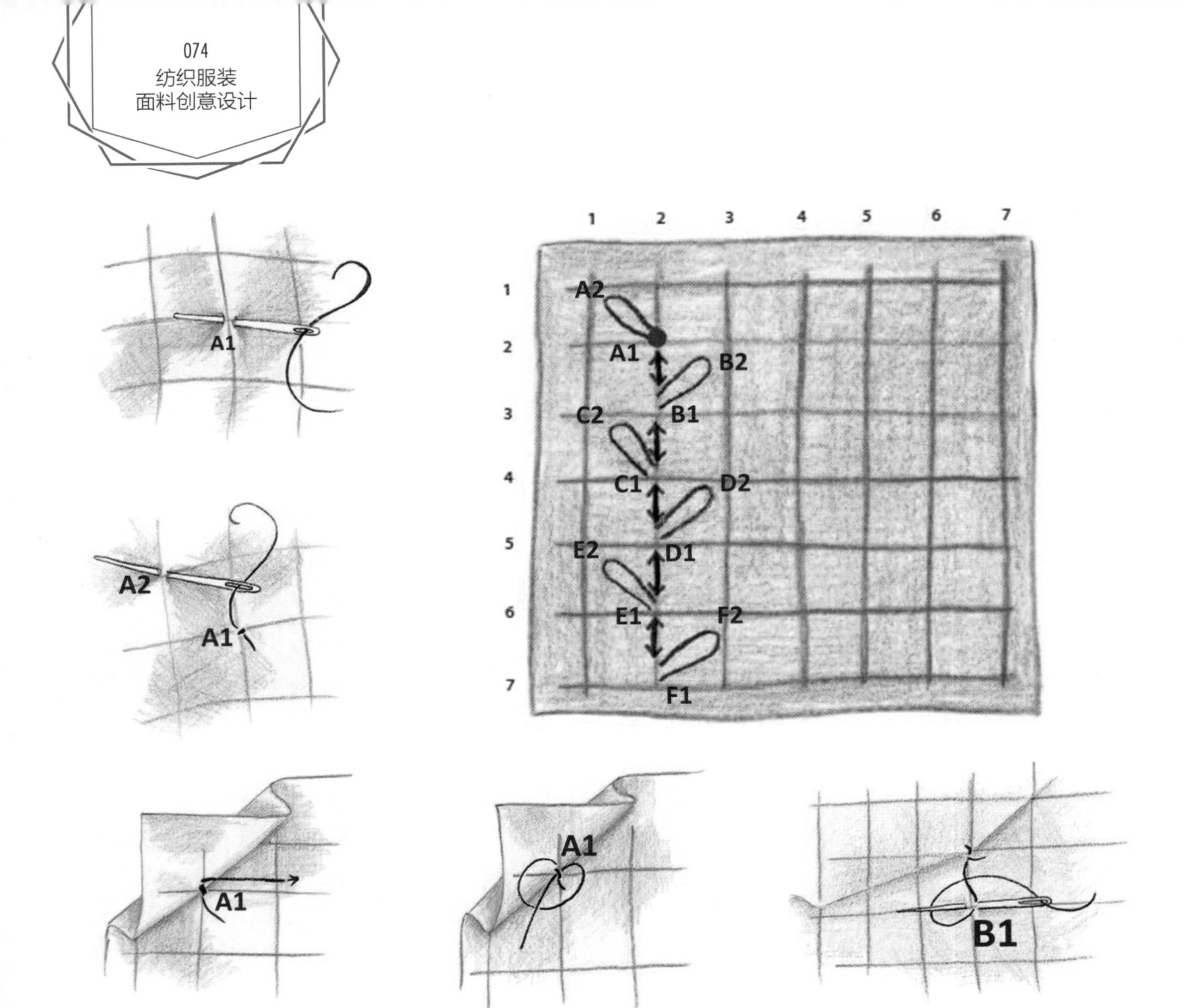

图4-119 网状编结制作步骤

图4-120 网状编结正面效果

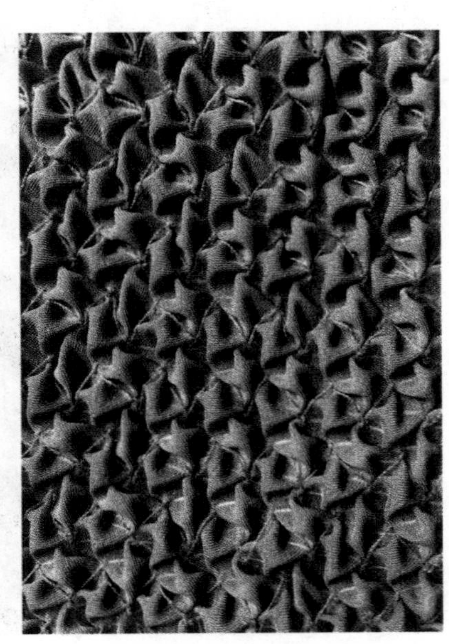

图4-121 网状编结反面效果

（2）箱型编结工艺制作流程。

步骤一：熨烫面料，以1.5cm×1.5cm的正方形绘制单元格。（图4–123）

步骤二：以顺时针方向A1，B1，C1，D1抽缝面料并打结。（图4–123）

步骤三：距离第一个单元形两格再进下一个单元形制作。（图4–123）

步骤四：整理面料肌理图形，完成肌理小样制作。（图4–124、图4–125）

（3）花型编结工艺制作流程。

花型编结工艺的制作方法流程与箱型编结大致相同，不同之处在于单元形之间的间距为一个格子的距离。（图4–126、图4–127、图4–128）

（4）工字编结工艺制作流程。

步骤一：熨烫面料，以1cm×1cm的正方形绘制单元格。（图4–129）

步骤二：以A1–A2，B1–B2，C1–C2……抽缝面料并打结。（图4–129）

步骤三：整理面料肌理图形，完成肌理小样制作。（图4–130、图4–131）

图4–122　网状编结运用于服装局部造型

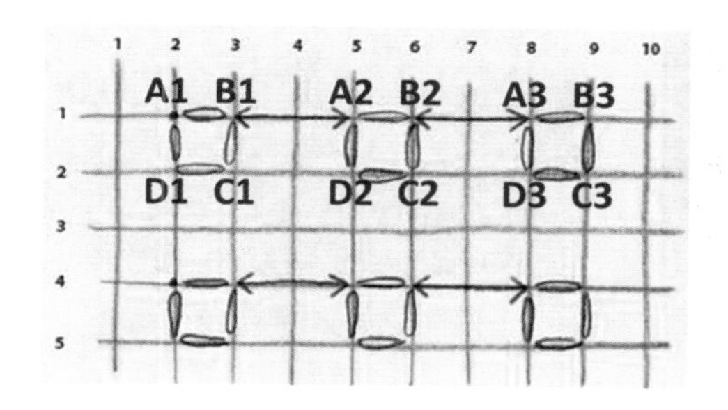

图4–123　箱型编结针法图

图4–124　箱型编结正面肌理

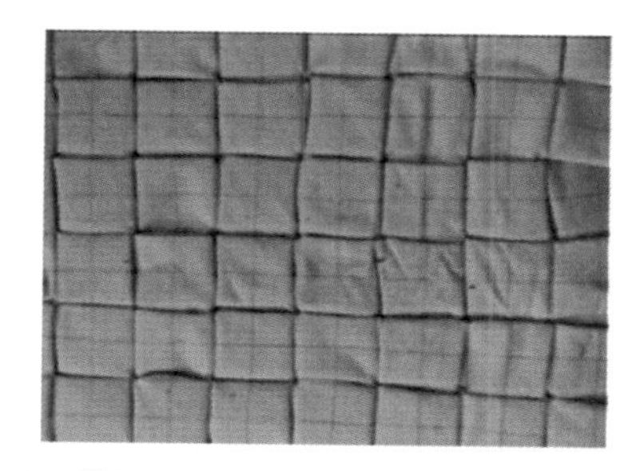

图4–125　箱型编结反面效果

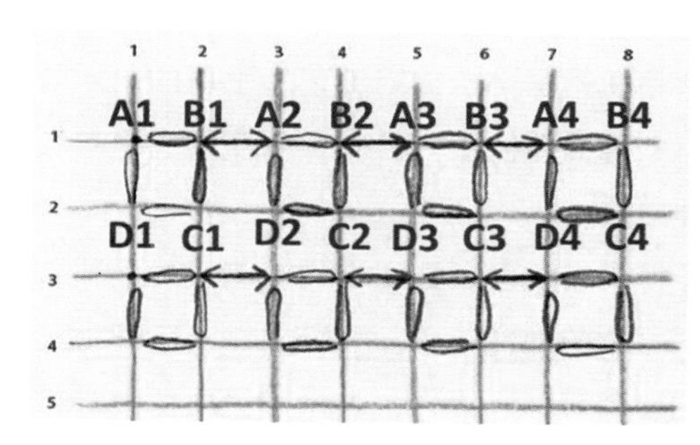

图4–126　花型编结针法图

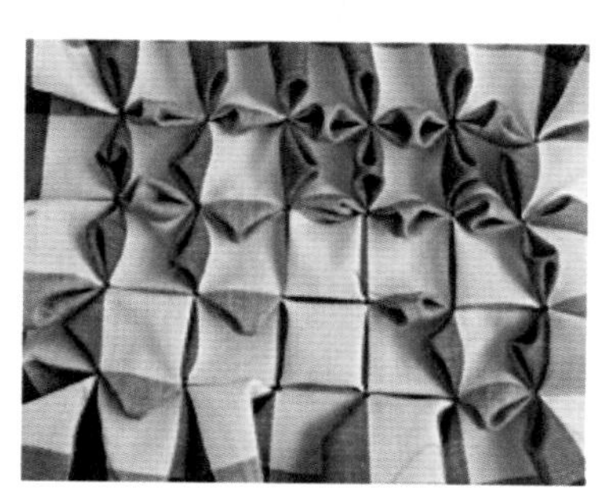

图4–127　花型编结正面肌理

图4–128　花型编结反面肌理

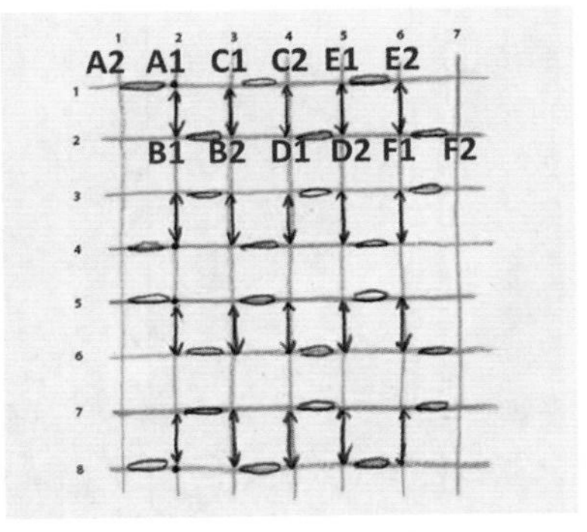

图4-129　工字编结针法图

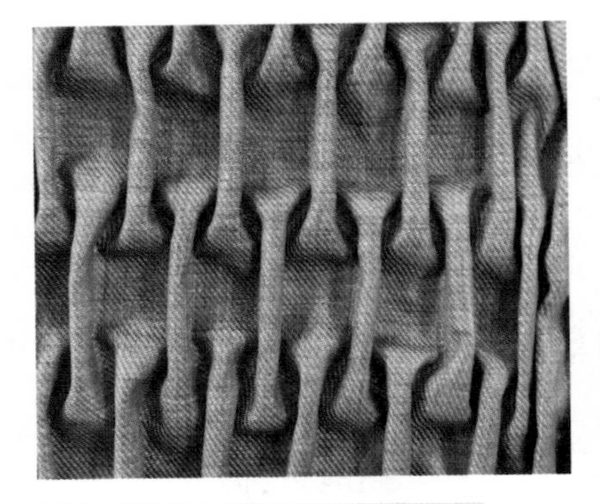

图4-130　工字编结正面效果图

图4-131　工字编结反面效果图

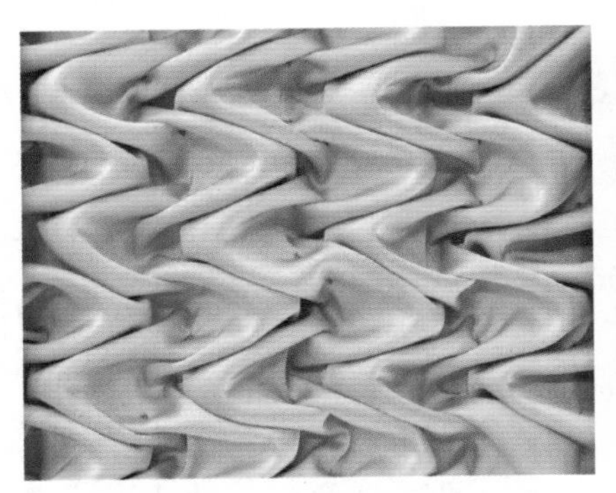

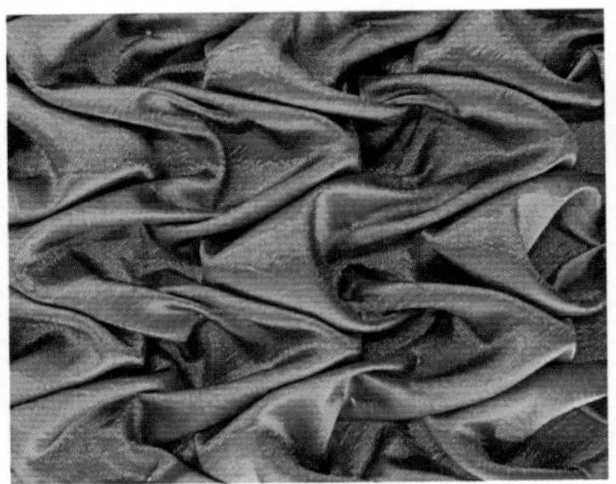

图4-132　水波纹编结肌理

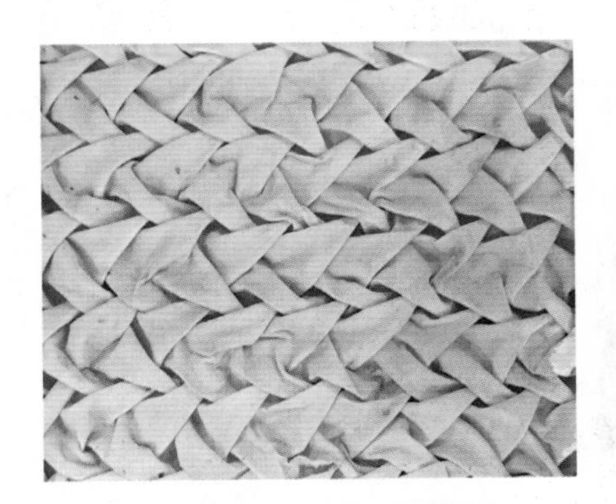

图4-133　局部染色的网状编结

图4-134　图案与网状编结的结合

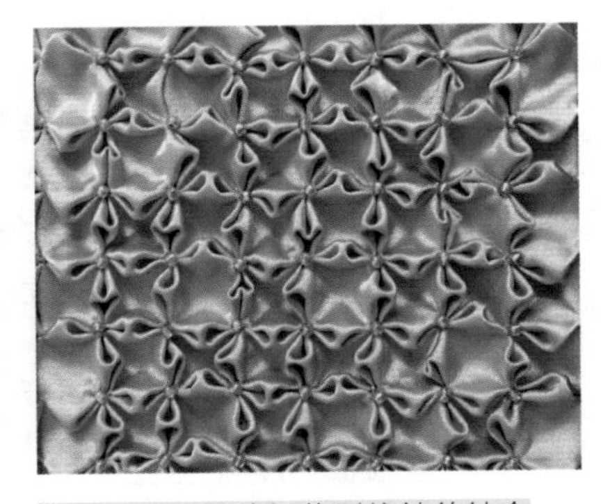

图4-135　钉珠与花型编结的结合

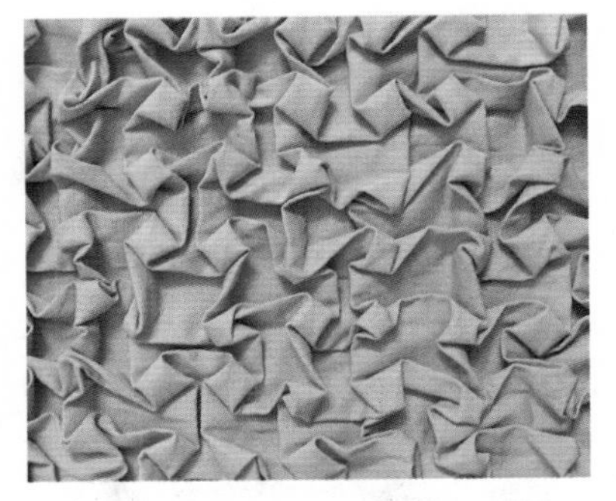

图4-136　箱型肌理的不规则排列

3. 创意抽缩工艺

在传统的抽缩工艺基础上，采用不同质地的面料，改变肌理的单元大小，以及变换肌理排列形式都会使得基础的抽缩工艺产生新的艺术效果。如图4-132中的图片均为同一种抽缩技法，但由于所使用的面料和肌理大小不同产生了不同的肌理效果。

根据不同的设计需求，除了使用常规面料还可使用有图案的面料来进行抽缩缝制，以达到丰富面料层次的视觉效果。在已成型的肌理上还可结合一些丰富的服装辅料，如使用钉珠、绳、亮片来加强立体装饰效果。（图4-133至图4-136）

二、折叠工艺

折是纸艺中最具代表性的技法之一，即在二维平面的基础上运用翻、折、转、叠等手法创造出三维立体形态。“折纸艺术”运用于纺织品服装设计中，其最大的特点在于体积感和雕塑感的呈现。

折纸理念运用于服装和面料创意中是受到理性、冷峻、简约的极简主义和东方风格的影响，并在此基础上又融合了西方的合体剪裁，能使得服装造型和结构极具创意性。将面料进行有序的折叠或堆砌，无论是细长、挺直的手风琴式褶皱，还是同一方向的折纹，抑或是内外交错的折叠等，都能使得平整、简约的面料显得立体而富有节奏，给人惊艳、完满、厚重的视觉效果。

1. 三宅一生的折纸艺术

以折纸工艺创新而闻名的服饰设计大师三宅一生（Issey Miyake）凭借著名的“一身褶”震撼了整个时尚界，在强大的西方设计体系掀起了日式设计的浪潮，而其灵感源泉是日式古老而传统的折纸艺术。三宅一生曾说过“我一直认为布料和身体之间的空间创造了服装，经过手工折叠，我们创造出一种全新的、不规则的起伏空间”。因此将布料打造成折纸艺术品般的设计是一种全新的将二维转换为三维的设计理念。以数字命名的“132.5系列”是三宅一生与Reality Lab（真实实验室）创意中心研发的全新概念作品。每个数字都有其意义所在，数字1表现使用一整块面料，3代表三维立体，2则表示面料根据二维形状对折。最后的5则代表设计所希望带来的全新立体体验。Reality Lab通过计算机进行几何图案设计，三宅一生采用日式折纸技术，以一种新型循环纸张（来自制作塑料瓶的PET材料）设计多款服装，看似平面，但垂直拉起布料时就会摇身变成立体时装作品。（图4-137、图4-138、图4-139）

图4-137　三宅一生“132.5系列”折纸礼服

图4-138 三宅一生“132.5系列”14A/W

图4-139 三宅一生“132.5系列”15S/S

2. 折叠技法与制作步骤

（1）所用工具：铅笔、卡其面料、大头针、缝纫设备、熨斗、棉线。

（2）制作工艺步骤。

步骤一：绘制纸样，根据所设计的褶裥宽度进行辅助线的绘制，虚线代表折痕，实线代表折峰。以箭头方向一侧依次折叠。（图4-140）纸样确定之后即可运用于所选面料上，进行辅助线的绘制，为折褶做准备工作。（图4-141）

步骤二：按照绘制好的辅助线依次把虚线和实线进行褶裥对折，并用大头针固定。折褶完成后用熨斗进行高温熨烫进行，褶裥定型。（图4-142、图4-143）

步骤三：当褶裥基本定型之后，可用缝纫设备进行缝线固定。（图4-144、图4-145）

据此完成的设计作品赏析。（图4-146至图4-149）

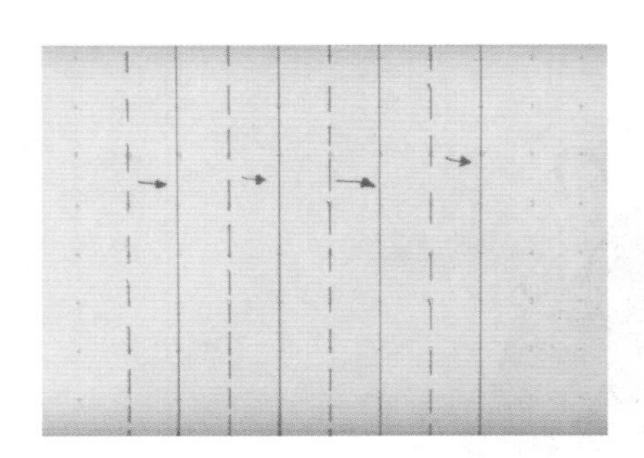

图4-140 绘制纸样

图4-141 绘制辅助线

图4-142 别针定位

图4-143 高温定型

图4-144 缝线固定

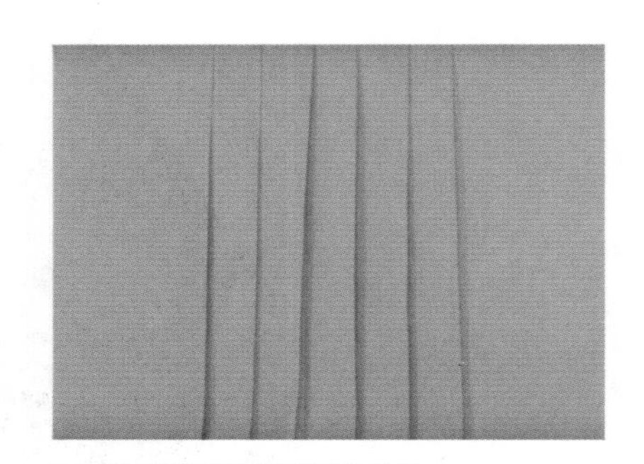

图4-145 完成顺褶造型

图4-146　翻褶定型（学生作品）

图4-147　活褶对叠定型（学生作品）

图4-148　褶裥在服装上的应用1（东华杯作品）

图4-149　褶裥在服装上的应用2（东华杯作品）

3. 花型折叠的制作步骤

（1）所需工具：面料、大头针、铅笔、手缝针、棉线、高温熨斗。

（2）制作工艺步骤。（图4-150）

步骤一：剪两块半径同为8.53cm的圆形面料，根据设计效果，选择两种花色不同的面料形成对比，并把面料进行缝合。在其中一块面料上用铅笔绘制一个边长为12cm的正方形。

步骤二：以所绘制的正方形四边边长为折线，把圆形四边进行向内翻折，并用大头针进行固定，折叠后为边长12cm的正方形图案。

步骤三：把面料进行翻转，在背面进行操作。

步骤四：以正方形每一条边长的中点为连接点用铅笔绘制一个菱形。以菱形四边为折线把正方形的四角分别用针、线固定在菱形对角线的中点处。

步骤五：立体折叠完成，可用高温熨烫设备进行图形的定型。

据此完成的设计作品赏析。（图4-151至图4-156）

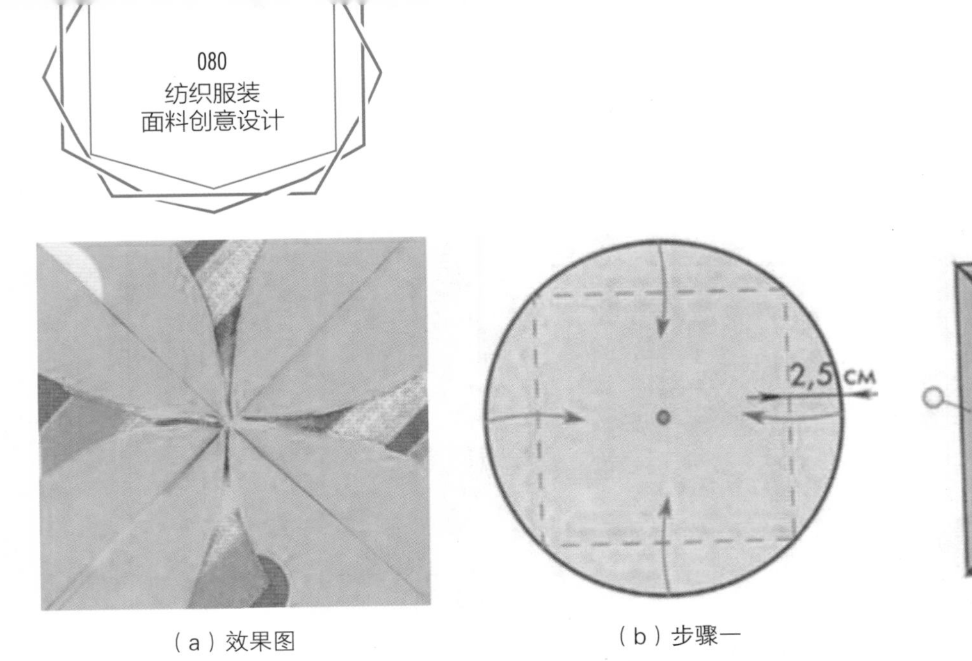

（a）效果图

（b）步骤一

（c）步骤二

（d）步骤三

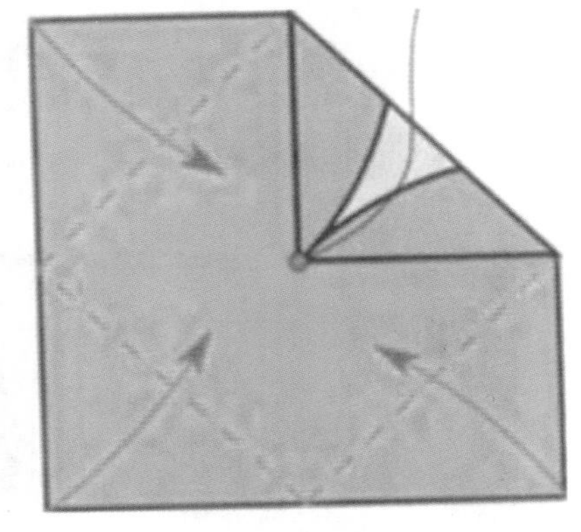

（e）步骤四

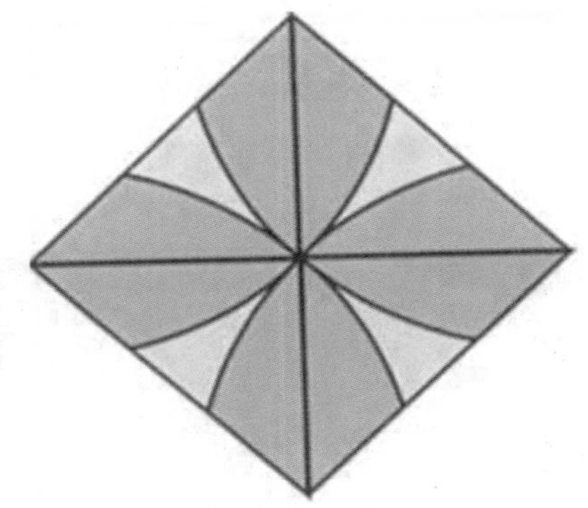

（f）步骤五

图4-150 花型折叠图形示意图

图4-151 对称折叠图形小样（学生作品）

图4-152 折叠小样组合（学生作品）

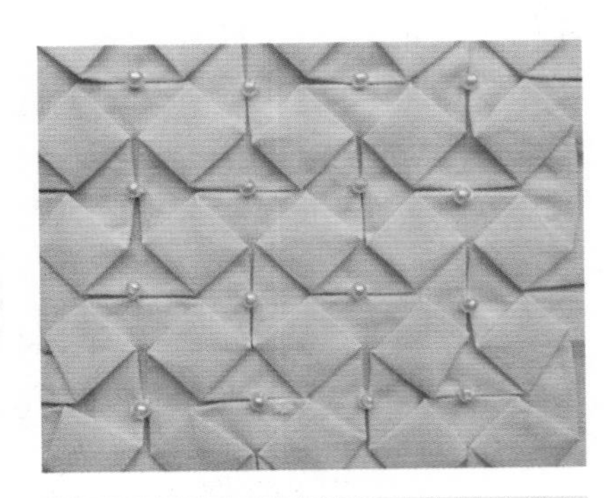

图4-153 四方连续折叠纹样（学生作品）

图4-154 无规则折叠组合图形（学生作品）

图4-155 风车造型折叠图案（学生作品）

图4-156 花卉造型折叠图案（学生作品）

4. 折叠工艺在服装设计中的应用

湖南女子学院艺术设计系学生以独特的文化视角运用中国非物质文化遗产女书文字与折纸艺术相融合（图4-157），进行了一次大胆的时装实验。她们在探索中不断深入对于“折”这个技法的认识，分别运用了“褶裥”、“折痕”、“折叠”三种不同的折纸工艺来进行开拓式的设计。（图4-158至图4-163）在设计过程中，用分解、解构的手法对文字的图案变形提出了新的设想和创意，用时尚的服装语言作为载体重新诠释了古老而神秘的女书文字。

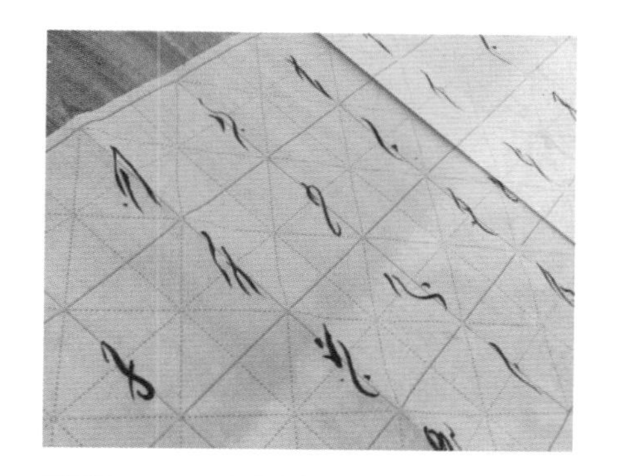

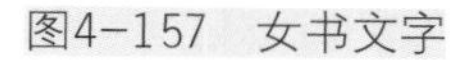

图4-157　女书文字

（a）

（b）

图4-158　褶裥中的女书文字1

（a）

（b）

图4-159　褶裥中的女书文字2

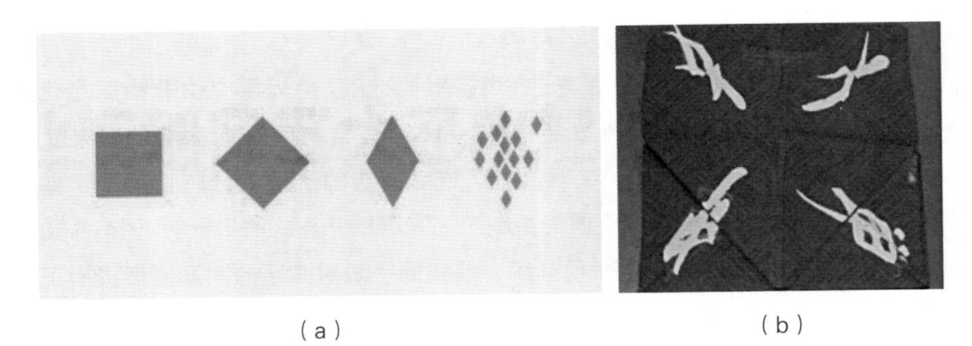

（a）　　（b）

图4-160　解构女书文字

（a）

（b）

图4-161　折痕上的女书文字

图4-162　服饰品折叠立体模型

（a）（b）（c）（d）（e）

图4-163　折叠解构的女书文字在饰品中的变化

图4-164　金属涂层与牛仔面料结合

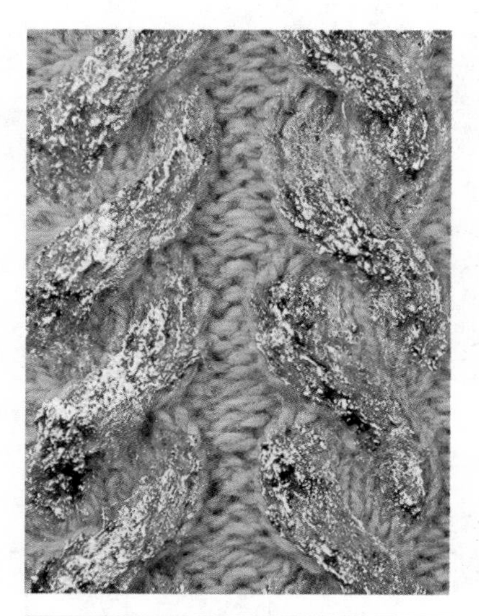
图4-165　金属涂层与针织材料结合

第四节　创新工艺技法

纺织服装面料创意设计技法种类繁多，从传统的手工艺技法到机械、半机械的新型技法的诞生，设计师对创新面料的开发和探索从未停歇，并以一种前所未有、超束缚性的思维模式来实现高科技手段下的新创造。面料创意设计是新型面料开发的有效途径，它让设计师通过对现有材料的观察、分析、探索，并在前人所总结的各种工艺、技法基础上，大胆地提出自己的见解和想法，提出新的可能性。在设计过程中，可从生活中寻找灵感，提取有价值的设计元素，勇于打破现有的设计框架和思维局限，还可以在面料创新设计中发掘材料的内在潜质，在深刻理解面料性能的情况下采用各种处理手法实现服装面料新的理念，以下介绍几种当今新颖的面料设计创新工艺技法。

一、热压涂层技法

热压涂层技法是指把某种有光泽的涂层纺织材料热压到光泽不强的棉、麻织物上，在织物表面形成一层金属光泽的质感，使面料的外观和质感在一定程度上发生改变。在涂层材料的选择上最为常见的是金、银色的箔纸，设计师运用这种热转印的方法可以使针织面料、牛仔面料、棉、麻等表面不具有光泽的材料有了新的光彩。（图4–164、图4–165）

制作流程如下。

（1）所需工具：金银箔纸、牛仔面料、雪纺面料、高温熨烫工具。

（2）手工热压涂层的工艺技法步骤。

步骤一：准备好所需的金属箔纸，在箔纸表面进行揉搓，使金箔纸表面变成斑驳的肌理。（图4–166、图4–167）

步骤二：为了增添牛仔面料的肌理和做旧的质感，在转印前可以对牛仔面料进行破坏性设计，如抽纱、破洞、流苏等。（图4–167）

步骤三：准备好高温工具，如熨斗、热转印设备等。预热以后把金属箔纸放置在牛仔面料上需要涂印的部位。金属箔纸有两面，把有金属色的一面朝上放置。

用熨斗或热转印设备按压准备好的金属箔纸和牛仔面料，即可完成金属涂层的转印。（图4–168）雪纺材料的金属涂层转印方法与上述一致。（图4–169）

图4-166 破坏金属箔纸表面涂层

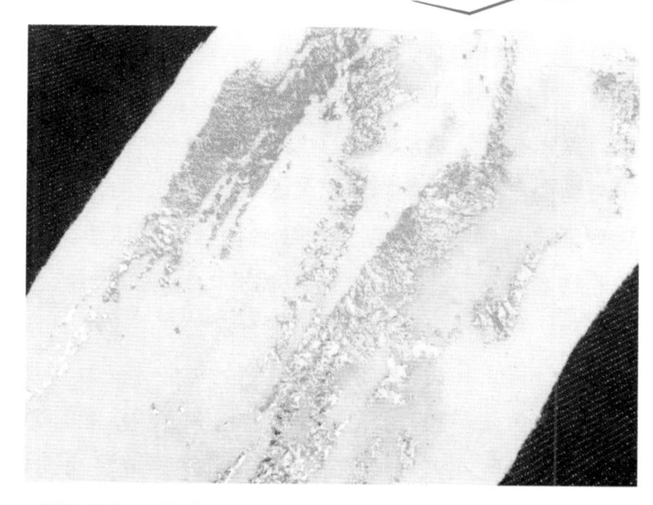

图4-167 金属涂层转印试验

图4-168 牛仔面料的金属热印涂层

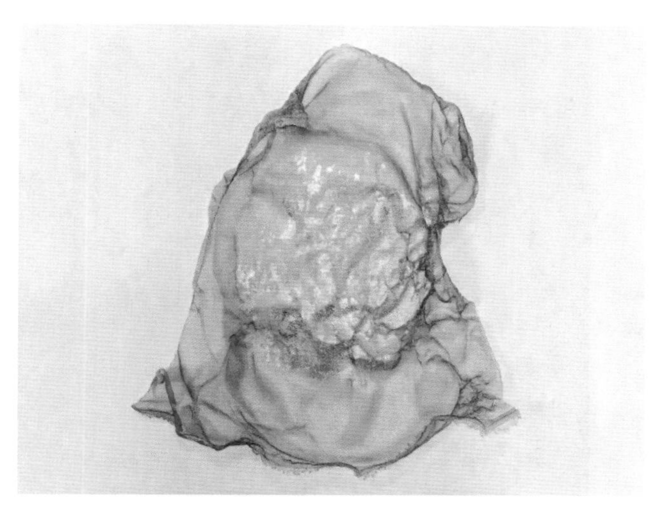

图4-169 雪纺面料的金属热印涂层

二、铁锈印染技法

铁锈在生活中是人们想尽量避免的一种物质。由于生锈的自然属性使物体永久着色，一旦织物沾染锈色便无法再摆脱。根据这一属性便形成了锈渍染印法。锈渍染色是使用容易生锈的物体对织物进行着色的过程。这种技法最具创意的部分是它产生了不同寻常的设计模式和设计方法，把铁锈的劣势转变为一种新的印染方法。因为铁是一种与空气和湿气接触时会氧化的金属。当长时间的暴露后，即会形成氧化铁，致使物体表面变成红棕色，这是铁锈印染技法来源的机理。当这个生锈的表面接触到织物时，织物就吸收了这一锈色，形成了几乎不可能去除的永久印花。

制作流程如下。

（1）所需工具：生锈物体、醋、水、盐水、没有涂层的面料。

（2）铁锈印染技法工艺步骤。

步骤一：首先润湿要染色的织物，然后将其与铁锈钉，钢丝绒和铁屑等生锈的物体接触。生锈物体的摆放方式可以多样化，如捆绑、穿刺、钉缝等，放置的方式直接影响后期所形成的图案、纹样与肌理的形态。（图4–170）

步骤二：定期在织物上喷洒醋和水的等量混合物，以保持湿润并加速染色过程。此时氧化即将开始，织物上会印有物体生锈的图案。织物与锈接触的时间越长，颜色越深。让织物保持与锈的接触，直到颜色花纹和强度达到预期效果。（图4–171、图4–172）

步骤三：一旦达到预期色彩，可以通过浸泡成品织物在轻盐水（或咸性）溶液中来“中和”织物，停止生锈过程并进行永久的固色。（图4–173至图4–177）

步骤四：等晾晒干纺织品，就可以进行熨烫、制作成需要的服饰物件了。（图4–178）

总的来说，上述介绍的各种工艺的运用并不是单一的，设计师应充分发挥自己的想象力和创造力，将自己所掌握和想表达的思想通过各种适宜的工艺组合融会贯通来实现在作品中。

图4–170　锈品与锈染的结合与效果

图4-171 绣染实验

图4-172 绣染成品小样

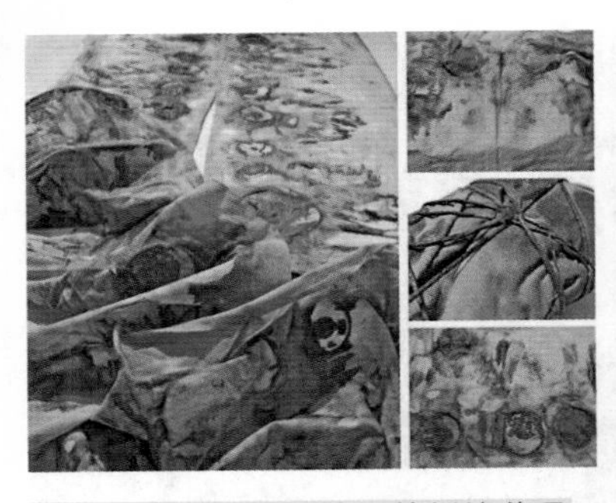

图4-173　图钉与铁丝的锈染作品

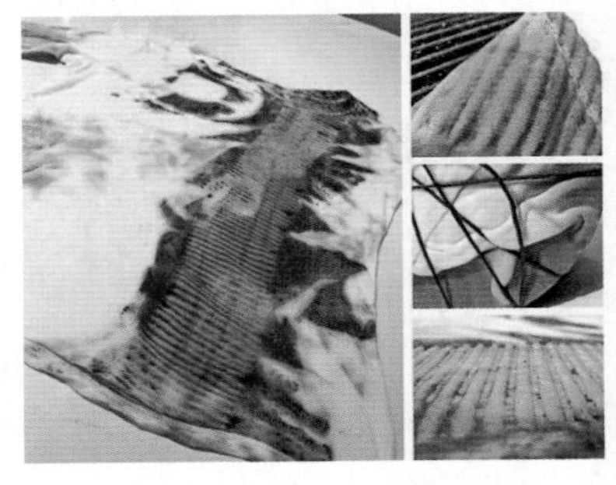

图4-174　铁丝与铁栏的锈染作品

图4-175　锈染作品实验展示（学生作品）

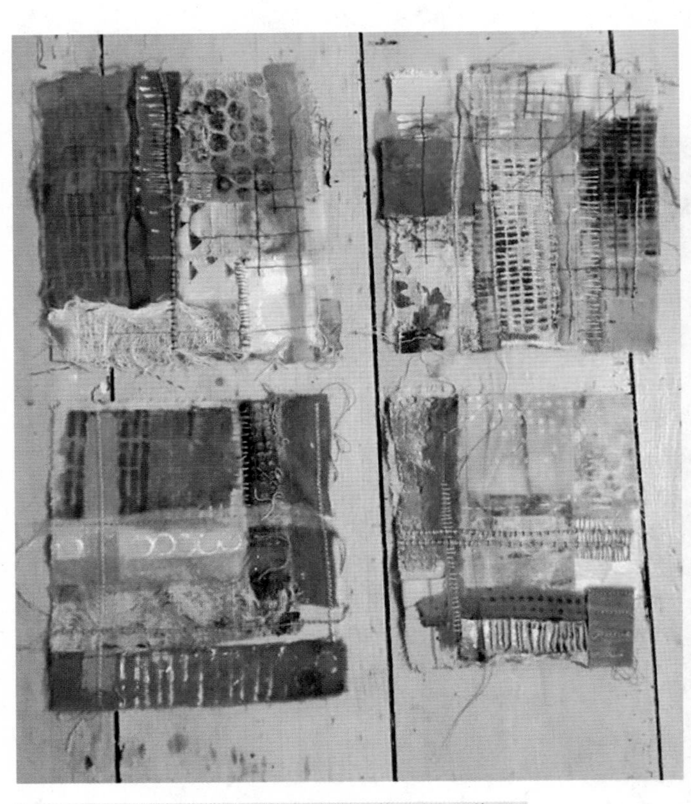

图4-176　锈染作品与面料拼接工艺（学生作品）

图4-177　锈染与蓝印的结合（学生作品）

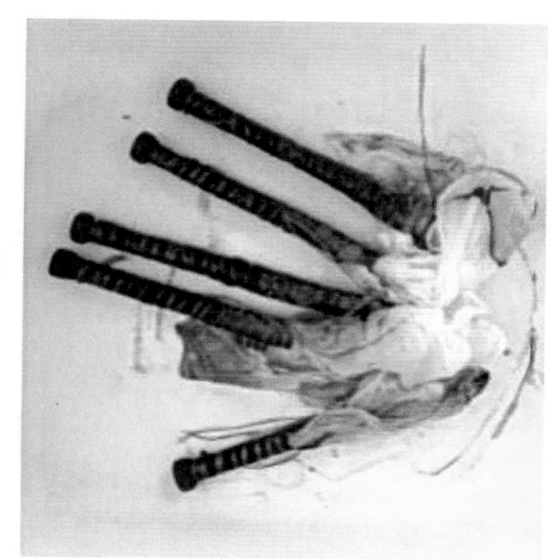

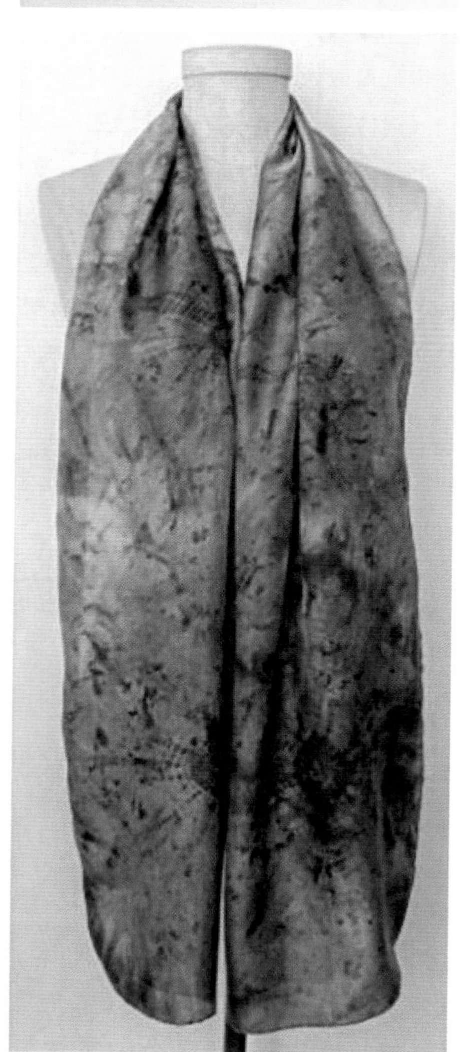
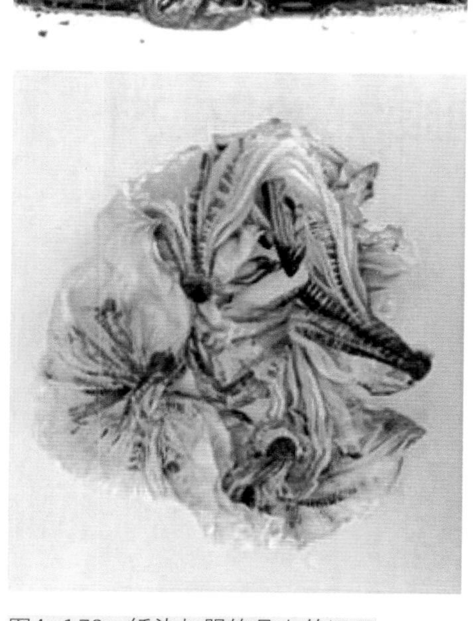

图4-178　锈染与服饰品上的运用

第五章
纺织服装面料创意设计实例分析

纺织服装面料通过创新技法设计可以达到丰富的艺术效果。在进行面料创意设计时应针对面料的特征和材质进行依材施艺，使得面料的特性可以被充分地挖掘和展现。本章节列举了四组创意面料的服装设计系列作品，这几组作品表明，在构思、设计和制作的过程中，不但需要分析面料的基本特性，还需要考虑面料之间的组合关系，如：色彩搭配、材质碰撞以及肌理造型等。

四组实例设计分别包括了针对纺织面料进行的图案色彩设计，如：渐变吊染、扎染蜡染、数码印花等技法；面料结构的局部造型设计，例如皮革绗缝造型、叠加造型；面料的整体风格处理，如变形抽褶设计；以及添加装饰性辅料、面料的拼接重组等。

第一节　实例一：通过面料局部造型实现服装的创新设计

系列作品《360》采用皮革材质和雪纺面料这一组极具对比的材料进行组合碰撞，运用了面料局部造型设计：如绗缝、叠合、折皱、渐变印染、拼接组合等多种面料创意设计手法。在设计过程中，设计师为展现作品材质的强烈反差，运用皮革材料塑造服装立体轮廓的造型，并结合PVC透明材质来打造未来主义的风格；在硬朗的轮廓线条下运用雪纺材质进行折皱、渐变印染等手法展现女性的柔美和飘逸。整个系列在立体与平面、透明与不透明、肌理与光滑、硬挺与柔软、密与疏等强烈的对比下以面料创意设计的多层次组合达到一种刚柔并济的独特美感。（图5-1至图5-11）

图5-1　系列作品《360》面料组合

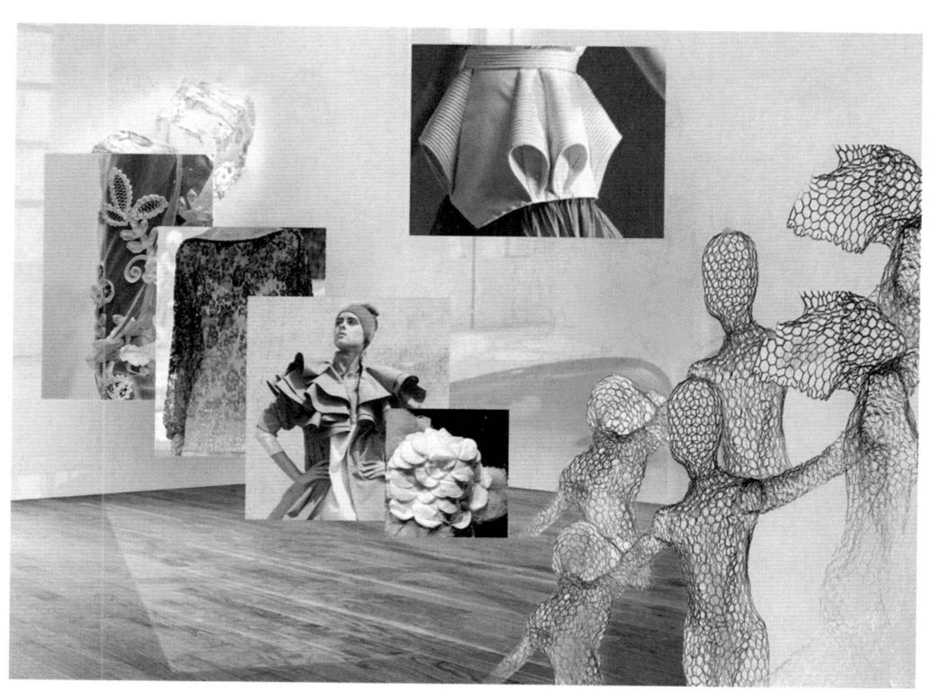

图5-2 系列作品《360》细节展示

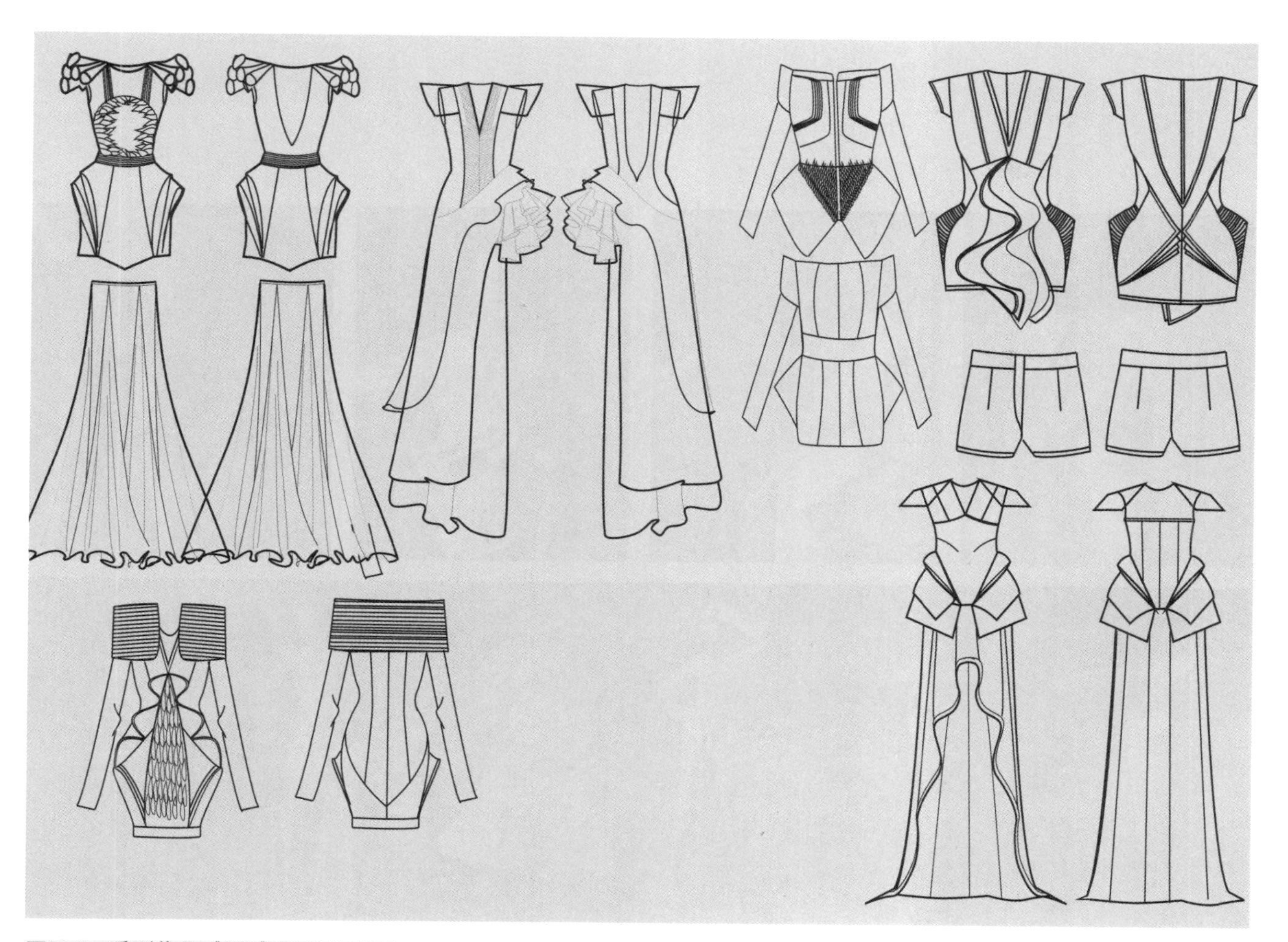

图5-3 系列作品《360》设计款式图

图5-4 系列作品《360》设计效果图

图5-5 系列作品《360》成衣展示图

图5-6　系列作品《360》第一款

图5-7　系列作品《360》第二款

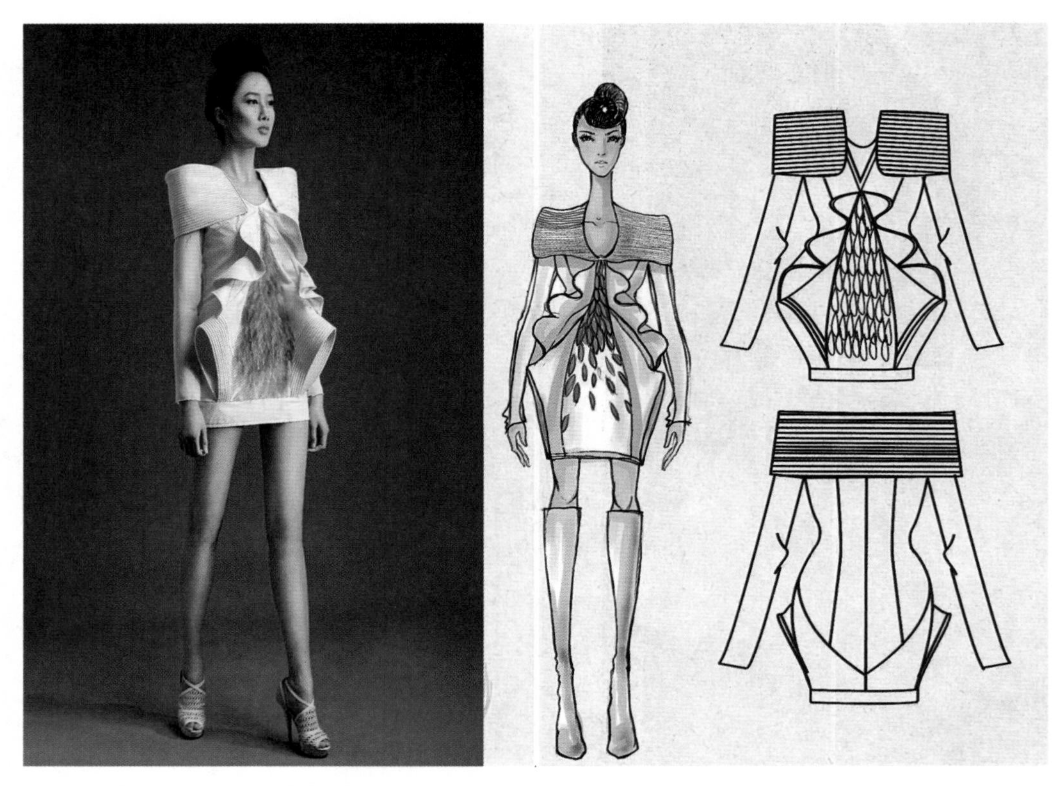

图5-8　系列作品《360》第三款

图5-9　系列作品《360》第四款

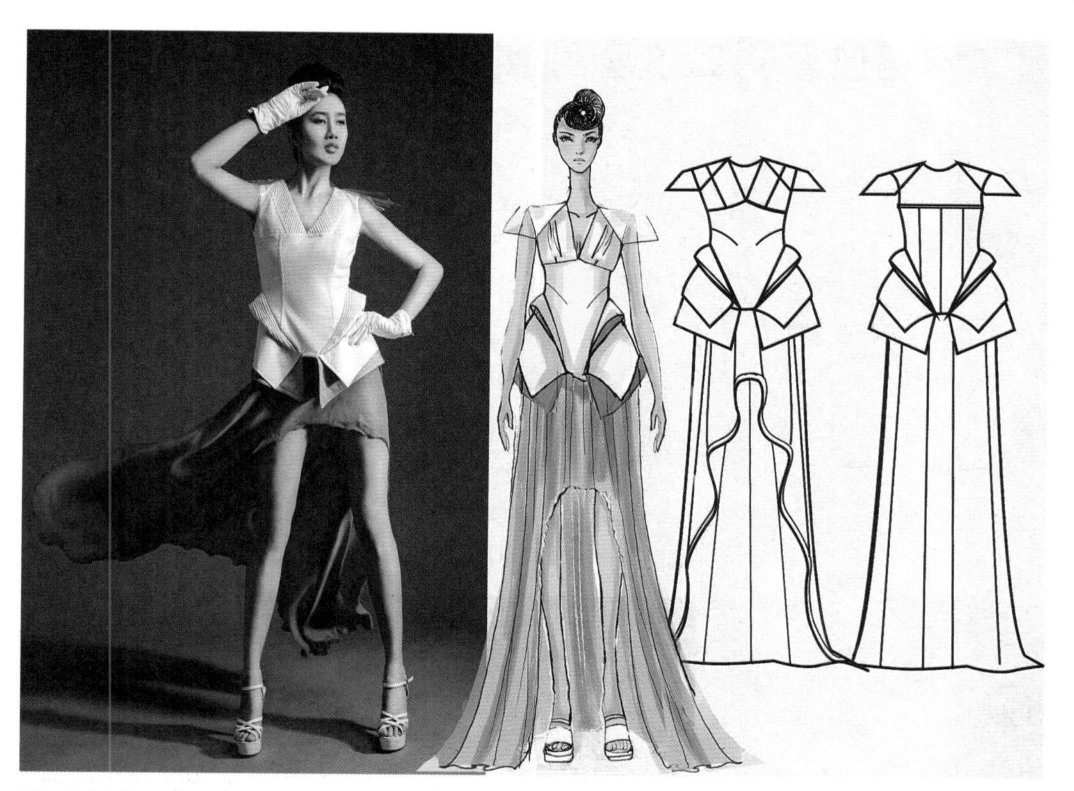

图5-10　系列作品《360》第五款

图5-11　系列作品《360》第六款

第二节 实例二：通过面料二次着色实现服装的创新设计

一、吊染工艺作品

《金鱼花火》系列作品灵感来源于日本艺术家蜷川实花的摄影艺术作品《Liquid Dreams》(《清澈梦境》)。《金鱼花火》系列在面料创意设计中使用了吊染技法，作品以金鱼、烟花为设计元素，运用强烈的对比色彩来描绘透过鱼缸观看绚烂烟花绽放的奇妙景象。在整个系列作品中，橙色和蓝色强烈的对比反差在吊染的渐变色中得到了平衡与调和。作品中将装饰纽扣进行重叠组合排列设计，通过这种技法表现金鱼鳞片的层叠感。朦胧写意的吊染渐变与清晰明快的秩序排列形成了有趣的对比，作品在一张一弛、一紧一疏中把烟花和金鱼的灵动、转瞬即逝之美轻松地勾勒了出来。(图5-12至图5-18)

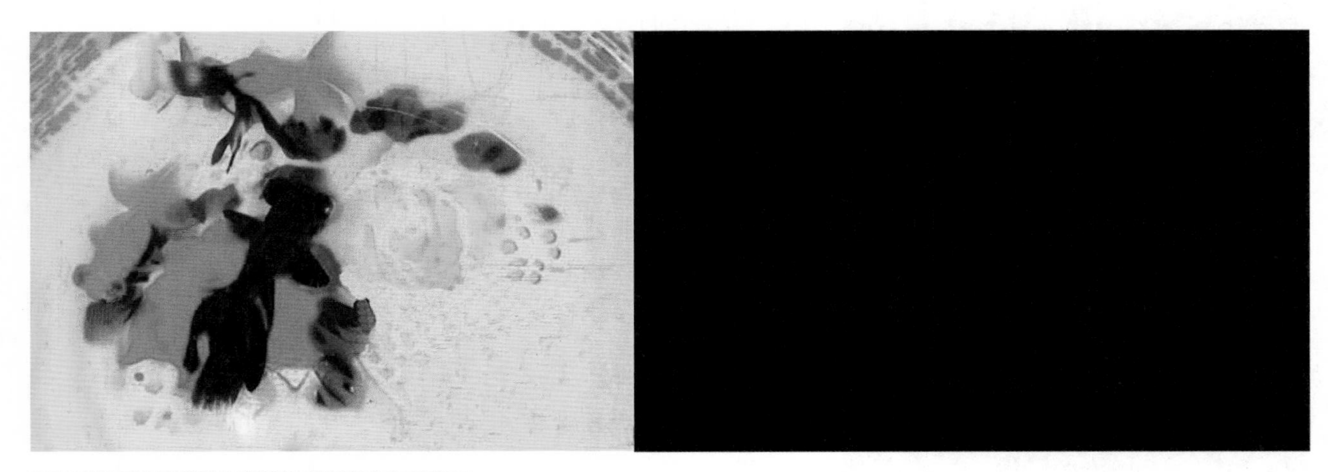

图5-12 《金鱼花火》系列的灵感与元素1

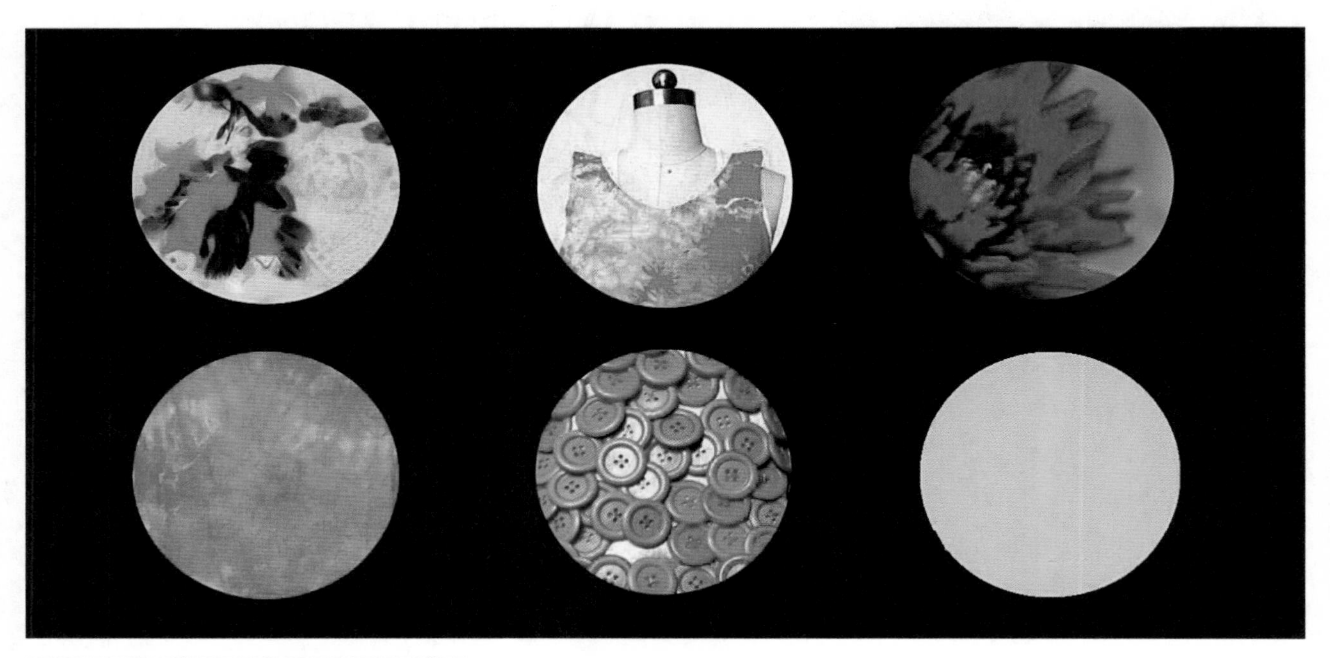

图5-13 《金鱼花火》系列的灵感与元素2

图5-14 《金鱼花火》系列服装设计作品1

图5-15 《金鱼花火》系列服装设计作品2

图5-16 《金鱼火花》系列服装设计作品3

图5-17 《金鱼花火》服装设计作品的外拍意境1

图5-18 《金鱼花火》服装设计作品的外拍意境2

二、扎染工艺作品

系列作品《迷雾》是传统工艺与现代化服装技术结合的优秀设计作品。作品运用传统扎染工艺制作出一批纹样丰富的染织作品，然后用计算机辅助设计软件进行再次处理与加工，将传统的扎染图案转化为四方连续纹样并通过数码印花工艺进行图案输出。在最终作品的呈现上，以折纸为灵感，即将面料附着在折叠的模具上，创造出令人耳目一新的创意折叠印染服装作品。（图5-19至图5-39）

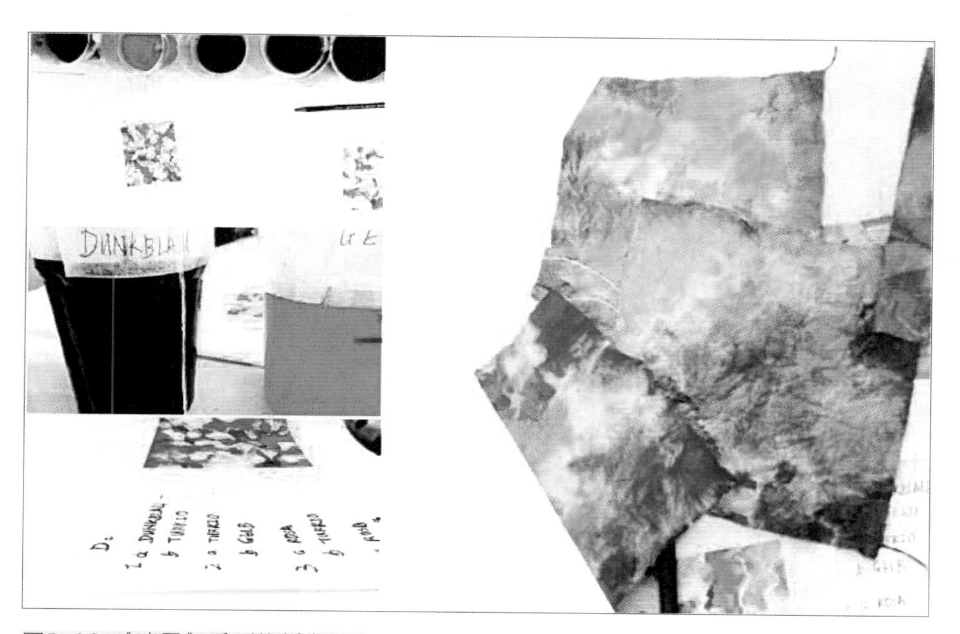

图5-19 《迷雾》系列纹样实验1

图5-20 《迷雾》系列纹样实验2

图5-21 《迷雾》系列纹样小样1

图5-22 《迷雾》系列纹样小样2

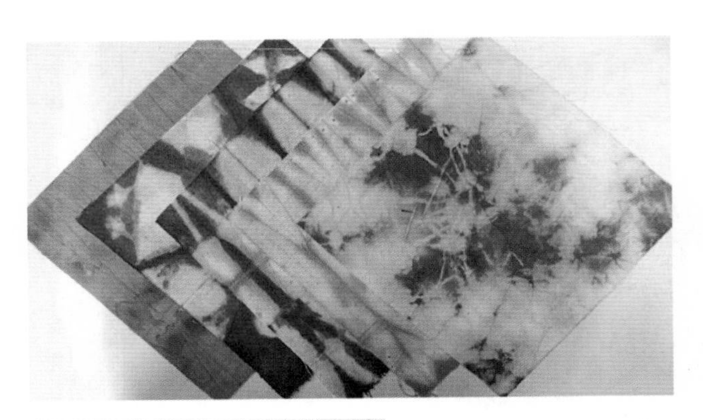

图5-23 《迷雾》系列纹样小样3

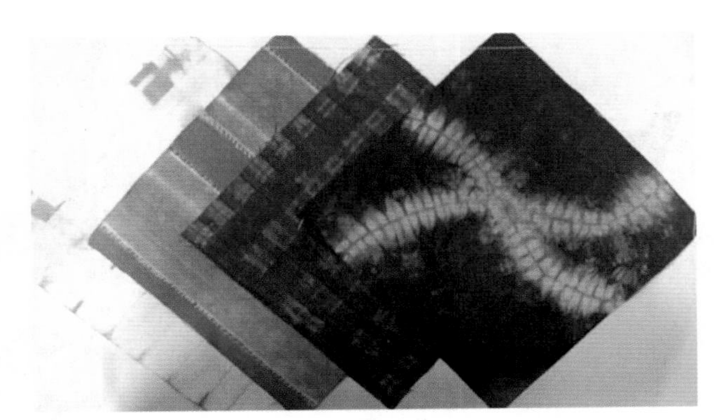

图5-24 《迷雾》系列纹样小样4

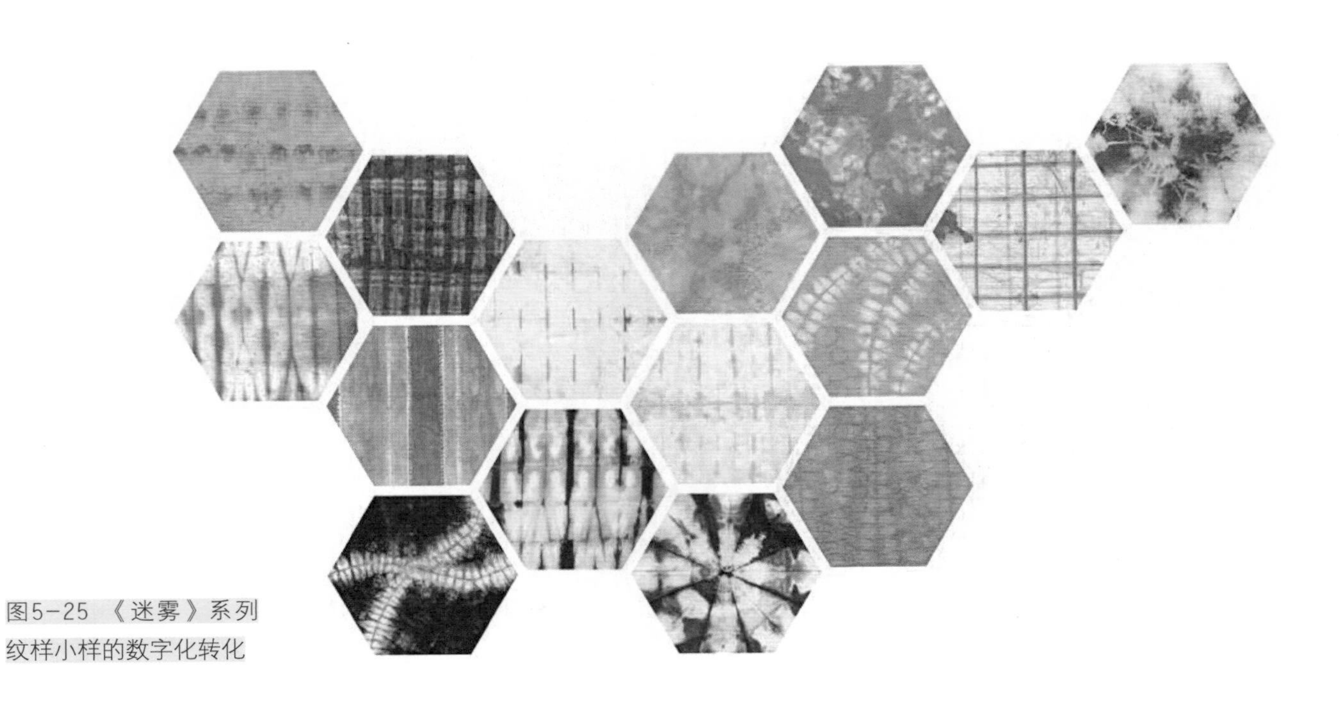

图5-25 《迷雾》系列纹样小样的数字化转化

图5-26 《迷雾》系列数码印花设计

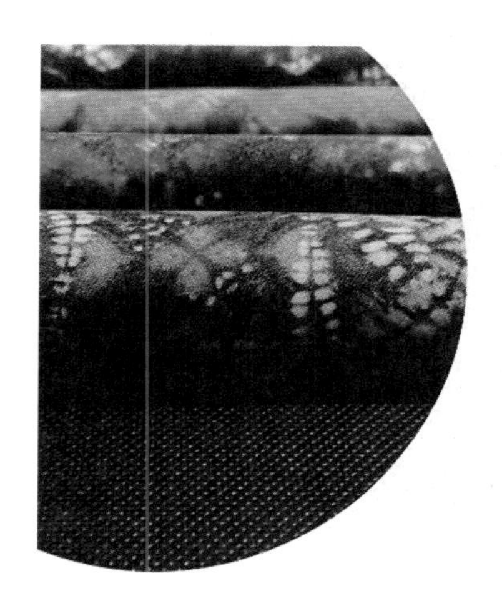

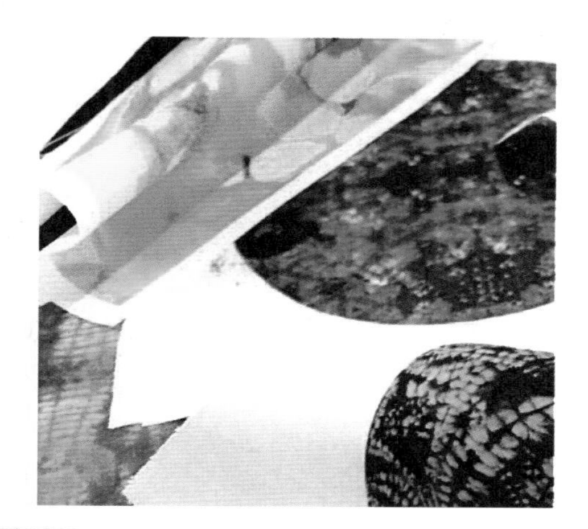

图5-27 《迷雾》系列数码印花设计面料实验1

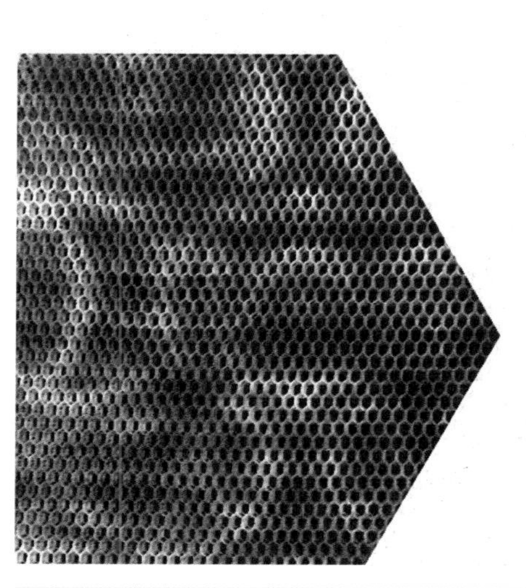

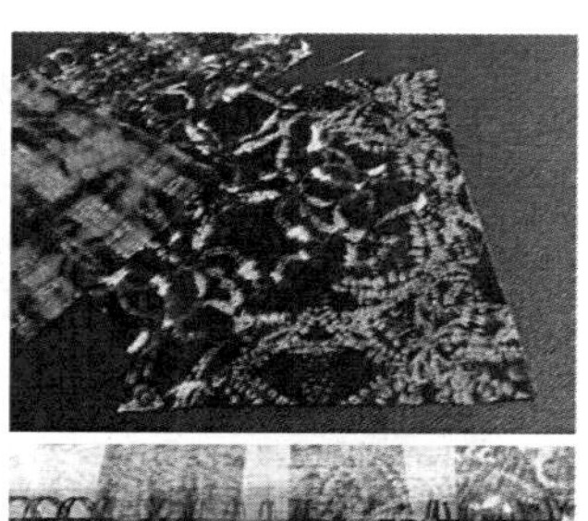

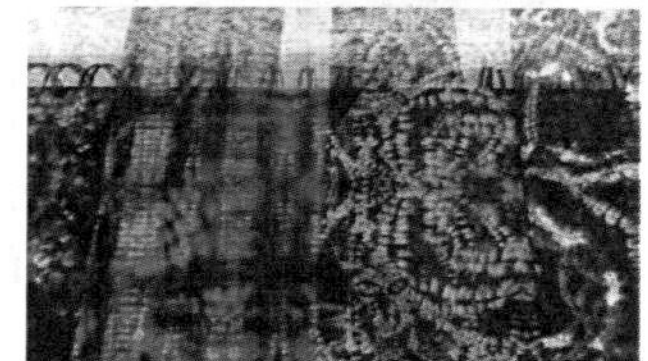

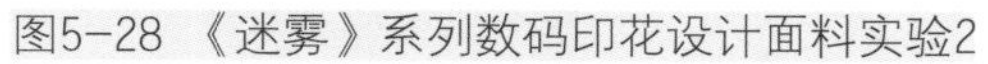

图5-28 《迷雾》系列数码印花设计面料实验2

图5-29 《迷雾》系列数码印花面料输出成品

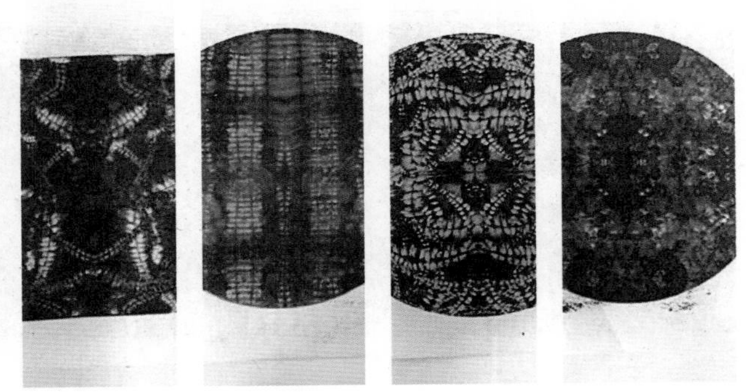

图5-30 《迷雾》系列数码印花面料最终成品展示1

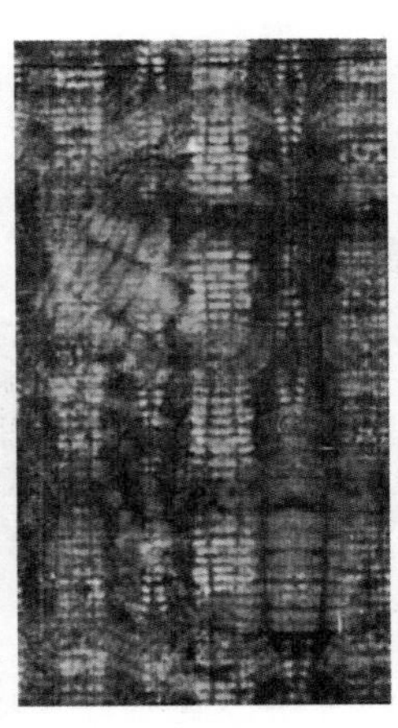
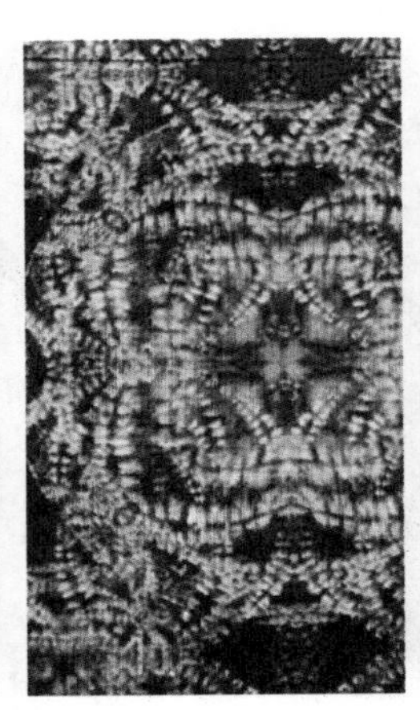

图5-31 《迷雾》系列数码印花面料最终成品展示2

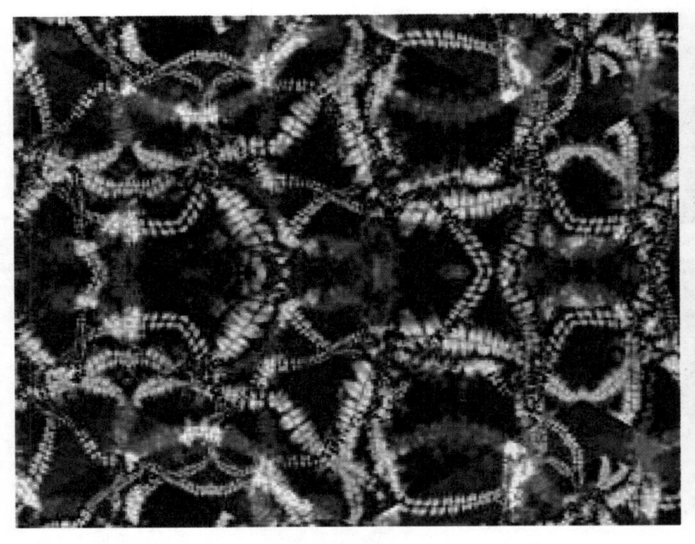

图5-32 《迷雾》系列数码印花面料最终成品展示3

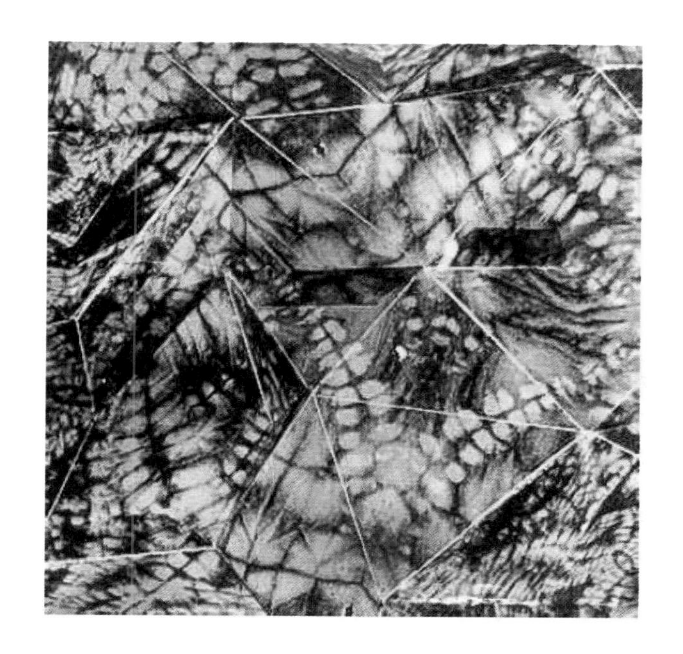

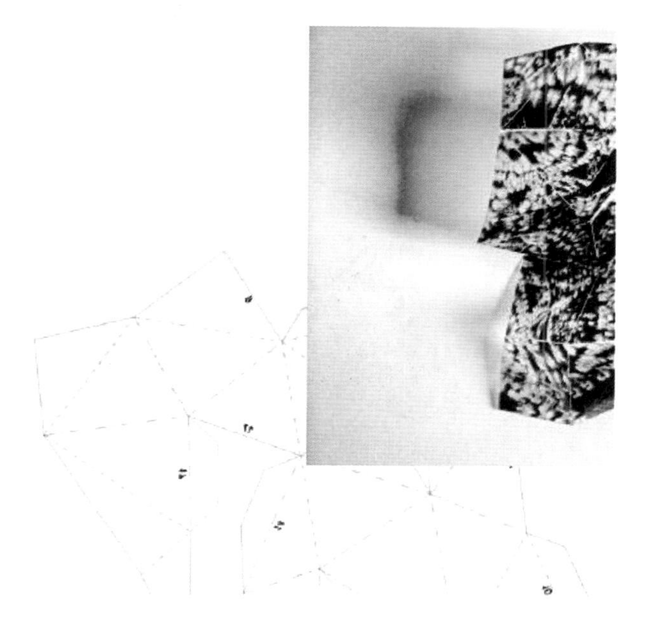

图5-33 《迷雾》系列折纸模具与印花面料附着实验1

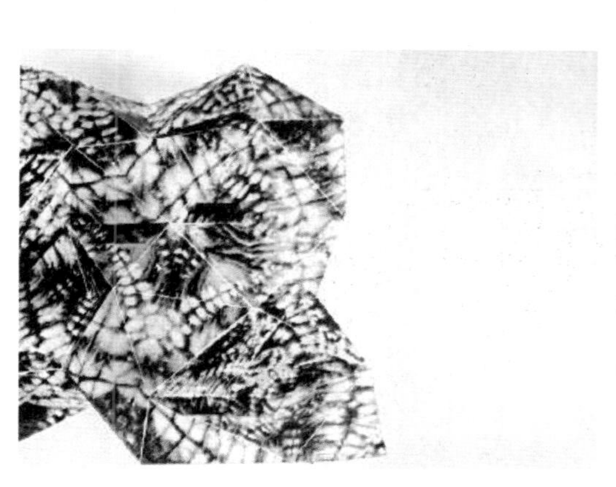

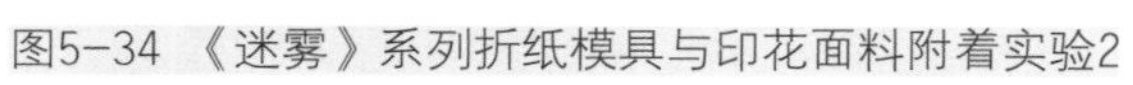

图5-34 《迷雾》系列折纸模具与印花面料附着实验2

图5-35 《迷雾》系列折纸模具与印花面料附着实验3

图5-36 《迷雾》系列折纸模具与印花面料附着小样完成图片

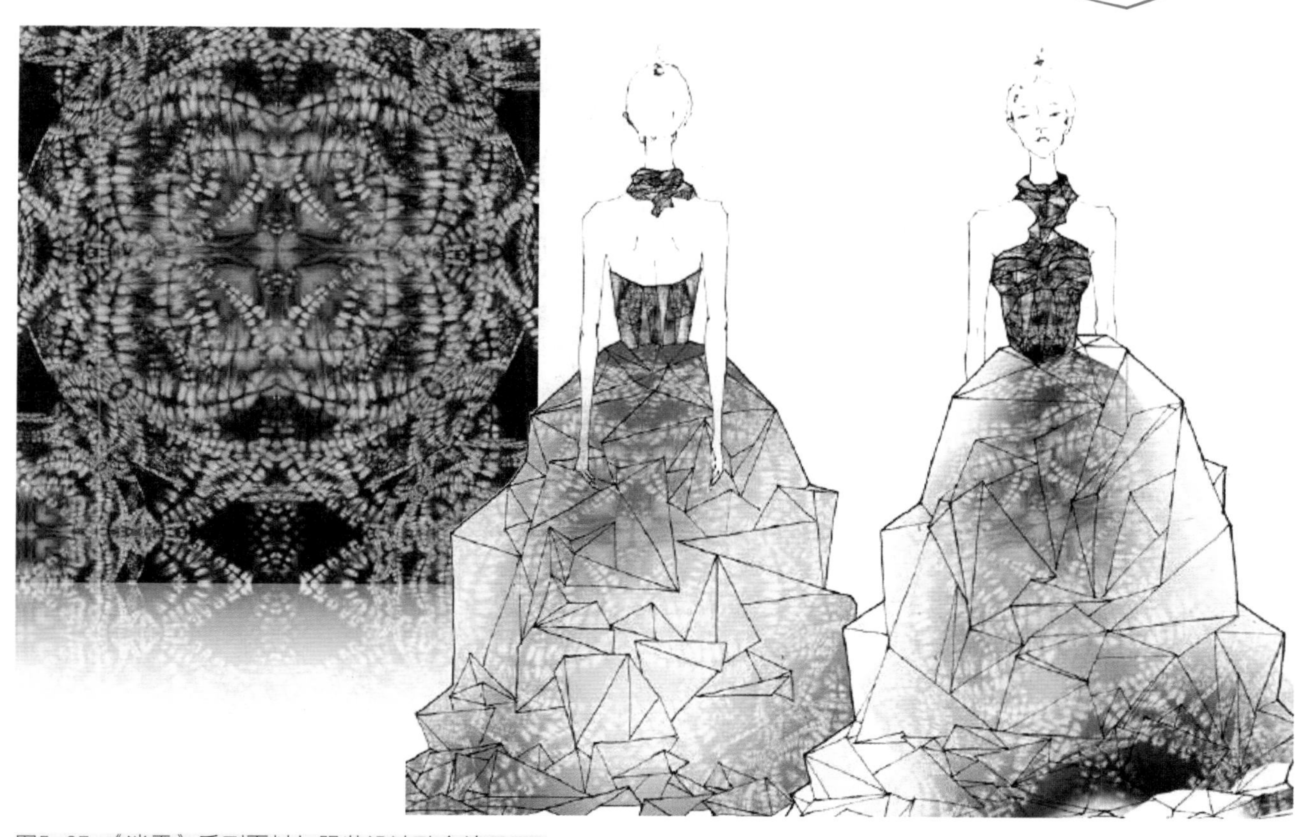

图5-37 《迷雾》系列面料与服装设计融合效果图1

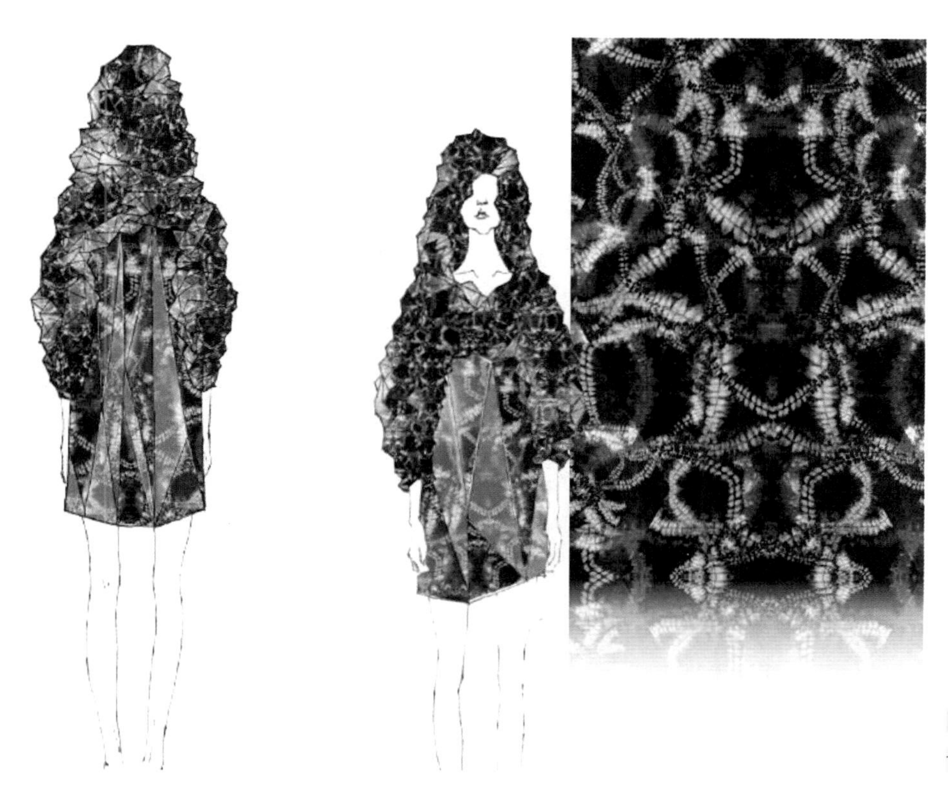

图5-38 《迷雾》系列面料与服装设计融合效果图2

图5-39 《迷雾》系列面料与服装设计融合效果图3

第三节 实例三：通过面料整体造型实现服装的创意设计

《菌》是以仿生设计为创作手法的系列作品，即设计师以日常生活中常见到的菌类为灵感来源，根据菌类的层叠蜿蜒的纹理为设计导向进行面料的肌理创作。如将拉链与面料进行拼合，使用扭、叠、折等技法进行面料的立体造型设计，然后根据人体工学和服装形式美要素将这一构思融入服装的局部与整体造型设计中。面料创意设计的层次结构与人体运动部位巧妙结合，并强调出人体凹凸有致的体型之美，清透的浅灰色调与人体的肤色相得益彰，尽显高雅浪漫。（图5-40至图5-51）

图5-40 《菌》系列作品设计灵感来源

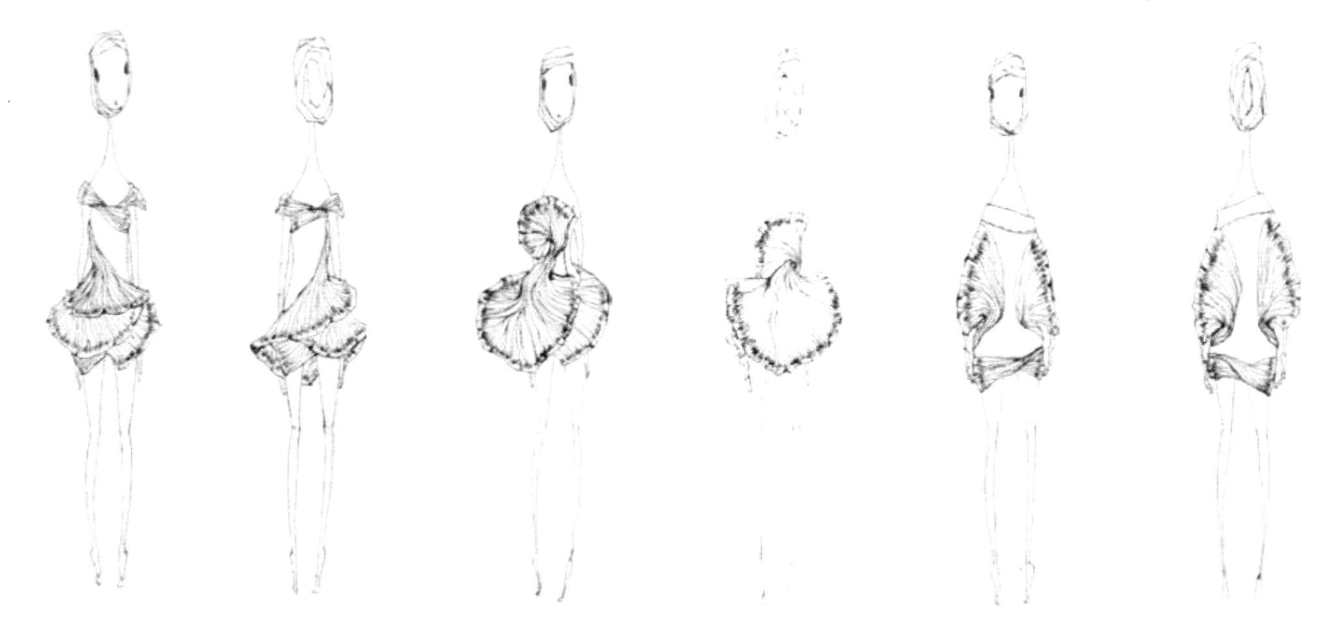

图5-41 《菌》系列作品设计效果图

图5-42 《菌》系列作品设计款式图

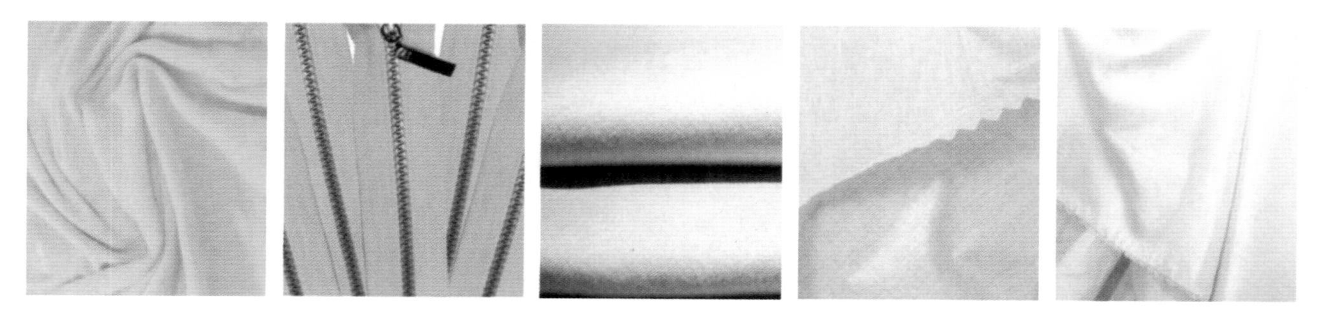

图5-43 《菌》系列作品面料展示

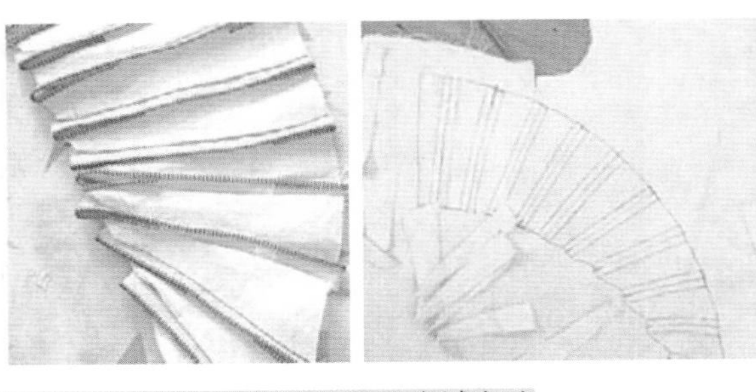

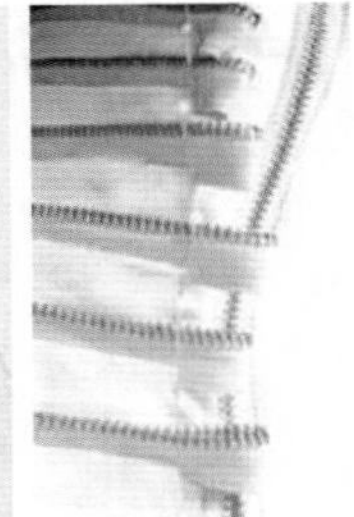

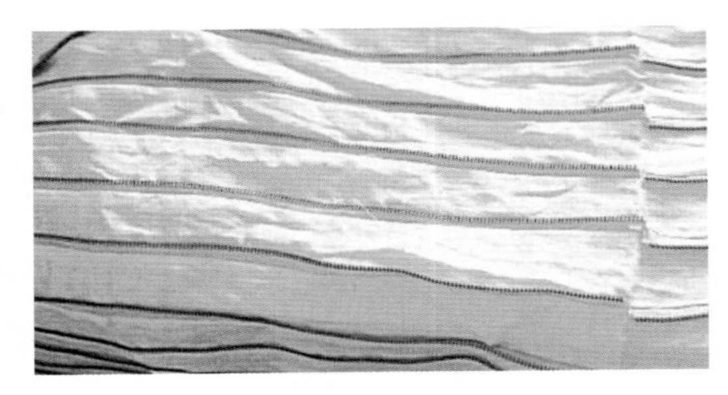

图5-44 《菌》系列作品肌理尝试实验

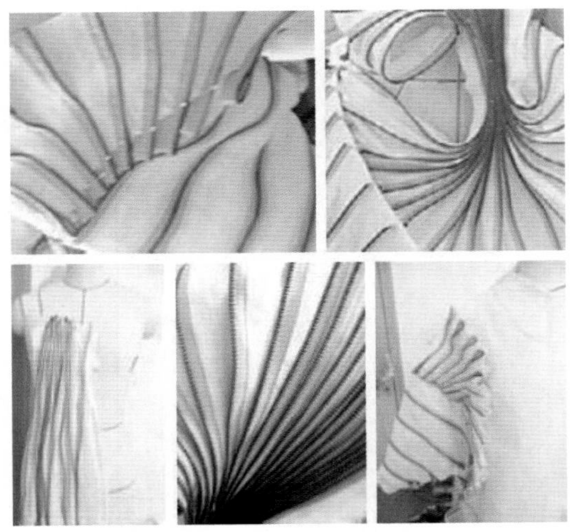

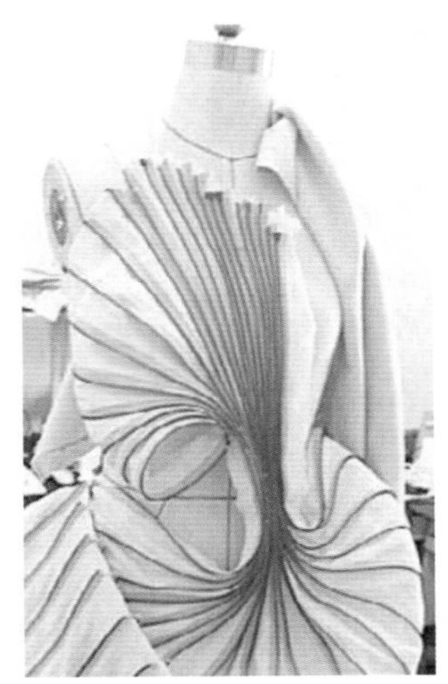

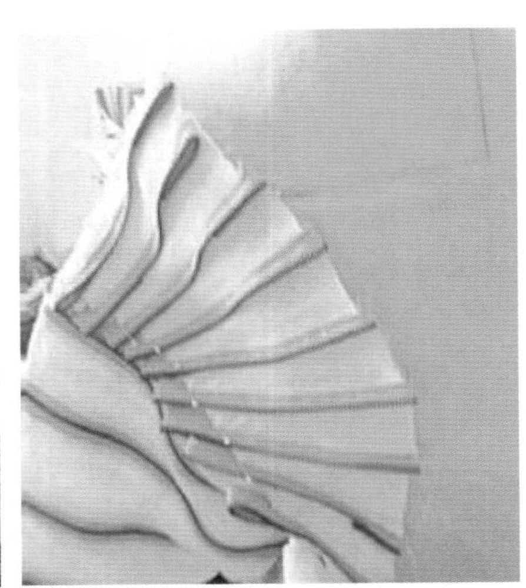

图5-45 《菌》系列作品制作细节与流程

图5-46 《菌》系列作品成衣展示图1

图5-47 《菌》系列作品成衣展示图2

图5-48 《菌》系列作品成衣展示图3

图5-49 《菌》系列服装设计作品棚拍意境1

图5-50 《菌》系列服装设计作品棚拍意境2

图5-51 《菌》系列服装设计作品棚拍意境3

[1] 钱欣．服装面料二次设计：服装面料风格化设计．上海：东华大学出版社，2009.

[2] 王庆珍．纺织品设计的面料再造．重庆：西南师范大学出版社，2007.

[3] 邓玉萍．服装设计中的面料再造．南宁：广西美术出版社，2006.

[4] 利百加·佩尔斯·弗里德曼．智能纺织品与服装面料创新设计．赵阳　译．北京：中国纺织出版社，2018.

[5] 杰妮·阿黛尔．面料与设计．朱方龙　译．北京：中国纺织出版社，2015.

[6] 沈沉．创意面料设计．大连：大连理工大学出版社，2013.

[7] 克莱夫·哈利特．高级服装设计与面料．衣卫京　译．上海：东华大学出版社，2016.

[8] 吕炜玮．服装面料再造．上海：上海交通大学出版社，2014.

[9] 袁利．打破思维的界限：服装设计的创新与表现．北京：中国纺织出版社，2013.

[10] 黄竹兰．探讨服装设计中服装的面料创意设计．艺术品鉴，2015（11）.

[11] 蒋红英．用立体构成拓展服装创意设计思维—浅谈立体构成教学改革．东华大学学报（社会科学版），2013（3）.

[12] 陈谦．“行针布阵”—绗缝的艺术语言形态研究．武汉:湖北美术学院,2017.

[13] 曹立辉．装饰工艺在服装设计中的应用．天津:天津纺织科技,2010（5）.

[14] 苏洁．对服装褶皱类型及工艺表现方法的探讨．杭州:浙江理工大学学报,2005（1）.

[15] http://expo.elegant-prosper.com/#padd

[16] http://m.sohu.com/n/523821118/

[17] https://www.baidu.com/paw/c/www.360doc.cn/mip/526762648.html

[18] https://www.baidu.com/paw/c/s/m.douban.com/mip/note/600885478/

[19] http://m.sohu.com/a/117046947_500095

[20] http://epaper.bjnews.com.cn/html/2014-09/19/content_536443.htm?div=-1